现代金属工艺实用实训丛书

现代焊接实用实训

(第二版)

王红英　汤伟杰　杨延滨　编著

西安电子科技大学出版社

图书在版编目（CIP）数据

现代焊接实用实训 / 王红英，汤伟杰，杨延滨编著. —2 版.
—西安：西安电子科技大学出版社，2019.1(2021.1 重印)
ISBN 978-7-5606-4973-3

Ⅰ. ① 现… Ⅱ. ① 王… ② 汤… ③ 杨… Ⅲ. ① 焊接—
高等职业教育—教材 Ⅳ. ①TG4

中国版本图书馆 CIP 数据核字（2019）第 014732 号

策划编辑 马乐惠
责任编辑 马 琼
出版发行 西安电子科技大学出版社(西安市太白南路 2 号)
电 话 (029)88242885 88201467 邮 编 710071
网 址 www.xduph.com
电子邮箱 xdupfxb001@163.com
经 销 新华书店
印刷单位 陕西天意印务有限责任公司
版 次 2019 年 1 月第 2 版 2021 年 1 月第 4 次印刷
开 本 787 毫米×960 毫米 1/32 印 张 3.5
字 数 57 千字
印 数 9001～12000 册
定 价 10.00 元
ISBN 978-7-5606-4973-3 / TG

XDUP 5275002-4
如有印装问题可调换

内 容 简 介

本书是为了让高职高专工科类学生掌握"焊接基本技能"、"金工基本技能"等实训课程编写的教材。全书分为七部分，主要讲述了焊接的基本概念和常用方法，手工电弧焊与气焊的基本操作技能以及焊接操作时的安全防护知识等。通过教、学、练的过程，可使学生对焊接在原理、工艺要求、实践技能、安全防护等方面打下坚实的基础。

本书可作为高职高专院校相关专业的教材，也可供相关工程技术人员参考。

前　言

早在远古铜、铁器时代，当人类刚开始掌握金属冶炼方法并用来制作简单的生产和生活器具时，火烙铁钎焊、锻接等简单的金属连接方法就已为古人所发现并得到了应用。今天，汽车、船舰、航空航天飞行器、原子能反应堆及水力或火力发电站、石油化工设备、机床和工程施工机械、电机电器、微电子产品、家电等众多现代工业产品以及许多重大工程建设中，都需要采用一种或多种焊接技术。焊接技术在工业领域中占据着十分重要的地位。

本书图文并茂，通俗易懂，言简意赅，是焊接技术领域的入门书，主要为高职在校学生编写，力求实用，便于自学。

本书介绍的内容是现代大学生应掌握的基本知识和基本操作技能，是学习者的良师益友。

本书在编写过程中，参考了国内外有关著作和研究成果，在此谨向有关参考资料的作者，以及帮助本书出版的相关人员、单位表示最诚挚的谢意。

由于编者水平有限，疏漏或不当之处在所难免，敬请专家和读者朋友批评指正。

编　者
2018 年 12 月

目　　录

引　言

　　日常生活中我们经常接触到钢结构物件，小到不锈钢鞋架、喷塑花架，大到自行车、汽车、飞机、桥梁，这些物件大都要经过焊接才能使用。现在我们就以花架的制作过程为例，介绍焊接技术。图 0.1 为阳台上的花架，花架效果如图 0.2 所示。

图 0.1　阳台上的花架

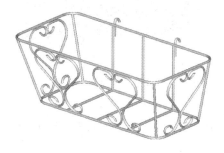

图 0.2　花架效果

任务一　花架制作的材料准备

制作花架之前需要准备材料：首先准备直径为 6 mm 的普通钢筋，然后依照调直、除锈、切断、弯曲成型的工艺过程，为进一步焊接装配做准备。

1.1　钢筋的调直

钢筋(如图 1.1 所示)在使用前必须经过调直，否则会影响钢筋受力。如果未经调直直接下料，则会影响钢筋的下料长度，并影响后续工序的质量。

图 1.1　钢筋

钢筋调直应符合下列要求：

(1) 钢筋的表面应洁净，使用前表面应无油渍、漆皮、锈皮等。

(2) 钢筋应平直，无局部弯曲，钢筋中心线同直线的偏差不超过其全长的 1%。成盘的钢筋或弯曲的钢筋均应经调直后才允许使用。

(3) 钢筋调直后其表面伤痕不得使钢筋截面积减少 5%或更多。

1. 人工调直

1) 钢丝的人工调直

在工程量小、设备缺乏的情况下，一般采用蛇形管或夹轮牵引的方法调直钢丝。

蛇形管用长 40～50 cm、外径为 2 cm 的厚壁钢管(或用外径为 2.5 cm 的钢管内衬弹簧圈)弯曲成蛇形，钢管内径稍大于钢丝直径，蛇形管四周钻小孔，这样钢丝拉拔时可使锈粉从小孔中排出。管两端连接喇叭进出口，将蛇形管固定在支架上，需要调直的钢丝穿过蛇形管，用人力向前牵引，即可将钢丝基本调直，局部弯曲处可用小锤加以平直，如图 1.2 所示。

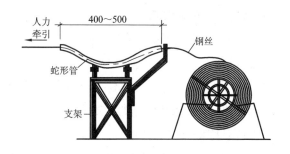

图 1.2　蛇形管调直

冷拔低碳钢丝还可通过夹轮牵引调直，如图 1.3 所示。

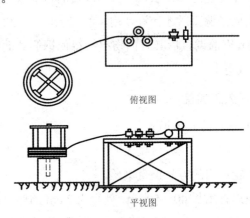

俯视图

平视图

图 1.3　夹轮牵引调直

2) 盘圆钢筋的人工调直

直径为 10 mm 以下的盘圆钢筋可用绞磨拉直。先将盘圆钢筋搁在放圈架上，人工将钢筋拉到一定长度切断，接着分别将钢筋两端夹在地锚和绞磨的夹具上，推动绞磨，即可将钢筋拉直。

3) 粗钢筋的人工调直

由于直径为 10 mm 以上的粗钢筋是直条状的，在运输和堆放过程中易造成弯曲，其调直的方法是：根据具体弯曲情况将钢筋弯曲部位置于工作台的扳柱间，就势利用手工扳子将钢筋弯曲基本矫直，如图 1.4 所示。也可手持直段钢筋处作为力臂，直接将钢筋弯曲处放在扳柱间扳直，然后将基本矫直的钢筋放在铁砧上，用大锤敲直，如图 1.5 所示。

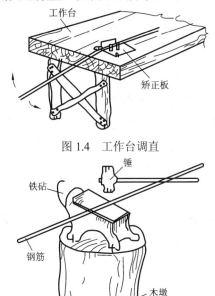

图 1.4　工作台调直

图 1.5　人锤敲直

2．机械调直

钢筋的机械调直可分为钢筋调直机、弯筋机、卷扬机等调直。钢筋调直机用于圆钢筋的调直和切断，并可清除其表面的氧化皮和污迹。此外还有一种数控钢筋调直切断机，利用光电管进行调直、输送、切断、除锈等，从而实现自动控制功能。

由于花架工程量较小，因此我们采用的是人工调直，调直的同时对它进行手工除锈。

1.2 钢筋的除锈

钢筋由于保管不善或存放时间过久，就会受潮生锈。在生锈初期，钢筋表面呈黄褐色，称水锈或色锈，这种水锈除在焊点附近的必须清除外，一般可不处理。但是若钢筋锈蚀进一步发展，钢筋表面已形成一层锈皮，受锤击或碰撞可见其剥落，这种铁锈需要清除。

钢筋除锈方式有三种：一是手工除锈，如用钢丝刷、砂堆、麻袋砂包、砂盘等擦锈；二是用除锈机机械除锈；三是在钢筋的其他加工工序中除锈，如在冷拉、调直过程中除锈。

1. 手工除锈

1) 钢丝刷擦锈

将带锈钢筋并排放在工作台或木垫板上，分面轮换用钢丝刷擦锈。

2) 砂堆擦锈

将带锈钢筋放在砂堆上往返推拉，直至擦净为止。

3) 麻袋砂包擦锈

用麻袋包砂，将钢筋包裹在砂袋中，来回推拉擦锈。

4) 砂盘擦锈

在砂盘里装入掺 20% 碎石的干粗砂，把锈蚀的钢筋穿进砂盘两端的半圆形槽里来回冲擦，可除去铁锈。

2．机械除锈

除锈机由小功率电动机作为动力，带动圆盘钢丝刷转动来清除钢筋上的铁锈。钢丝刷可单向或双向旋转。钢筋调直除锈后，接着进行钢筋的切断。

1.3　钢筋的切断

钢筋切断应尽量减少短头、减少损耗。钢筋切断有手工切断、机械切断、氧气切割三种方法。直径大于 40 mm 的钢筋一般用氧气切割。钢筋经过拉直、除锈后，就要根据图纸计算用料情况(见图 1.6)，进行切断下料：

1352 mm 钢筋一根(上框)；1112 mm 钢筋一根(下框)；154 mm 钢筋五根(后侧面加强肋)；164 mm 钢筋五根(其余加强肋)；326 mm 钢筋八根(装饰花用)。

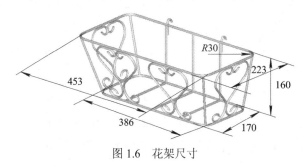

图 1.6　花架尺寸

1. 手工切断

手工切断的工具有：

(1) 断线钳：断线钳是定型产品(如图 1.7 所示)，按其外形长度可分为 450 mm、600 mm、750 mm、900 mm、1050 mm 五种，最常用的是 600 mm。断线钳用于切断直径为 5 mm 以下的钢丝。

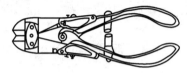

图 1.7　断线钳

(2) 手动液压钢筋切断机：能切断直径为 16 mm 以下的钢筋、直径为 25 mm 以下的钢绞线。这种切断机具有体积小、重量轻、操作简单、便于携带的特点。

(3) 手压切断器：用于切断直径为 16 mm 以下的Ⅰ级钢筋，当钢筋直径较大时可适当加长手柄。

(4) 克子切断器：用于钢筋加工量少或缺乏切断设备的场合。使用时将下克插在铁贴的孔里，把钢筋放在下克槽里，上克边紧贴下克边，用大锤敲击上克使钢筋切断。

手工切断工具如没有固定基础，在操作过程中可能发生移动，因此通常采用卡板作为控制切断尺寸的标志。而切断大量钢筋时，就必须经常复核断料尺寸是否准确，特别是一种规格的钢筋切断量很大时，更应在操作过程中经常检查，避免刀口和卡板间距离发生移动，引起断料尺寸错误。

2．机械切断

钢筋切断机是用来把钢筋原材料或已调直的钢筋切断的机具，其主要类型有机械式、液压式和手持式三种。

1.4　钢筋的弯曲

将已切断、配好的钢筋弯曲成所规定的形状、尺寸，是钢筋加工的一道主要工序。钢筋弯曲成型要求加工的钢筋形状正确，平面上没有翘曲不平的现象，便于焊接或安装。

1288 mm 长钢筋弯成一个上框，1048 mm 长钢筋弯成一个下框，326 mm 长钢筋弯成修饰用花。弯框时应注意将断口留在花架后侧面，同时不要放在弯头处。钢筋弯曲形状如图 1.8 所示。

图 1.8　钢筋弯型

钢筋弯曲成型有手工弯曲成型和机械弯曲成型两种方法。

1．手工弯曲成型

1）加工工具及装置

(1) 工作台：弯曲钢筋的工作台台面尺寸约为 600 cm × 80 cm(长 × 宽)，高度约为 80～90 cm。工作台要求稳固牢靠，避免在工作时发生晃动。

(2) 手摇扳：手摇扳为自制，它由一块钢板底盘扳柱和扳手组成。手摇扳是弯曲盘圆钢筋的主要工具，如果使用钢制工作台，挡板、扳柱可直接固定在台面上。

(3) 卡盘：卡盘是弯曲钢筋的主要工具之一，它由一块钢板底盘和扳柱组成，如图 1.9 所示。卡盘有两种形式：一种是在一块钢板上焊四个扳柱；另一种是在一块钢板上焊三个扳柱。

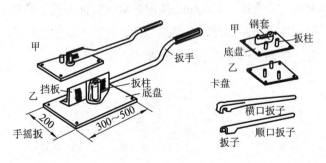

图 1.9　卡盘和扳子

(4) 钢筋扳子：钢筋扳子有横口扳子和顺口扳子两种，它主要和卡盘配合使用，如图 1.9 所示。当弯制直径较粗的钢筋时，可在扳子柄上接上钢管，加长力臂从而达到省力的目的。

2）弯曲成型

在钢筋开始弯曲前，应注意扳距和弯曲点线、扳柱之间的关系。为了保证钢筋弯曲形状正确，使钢筋弯曲圆弧有一定曲率，且在操作时扳子端部不碰到扳柱，扳子和扳柱间必须有一定的距离，这段距离称扳距，如图1.10所示。扳距的大小是根据钢筋的弯曲角度和直径来变化的，扳距可参考表1.1。

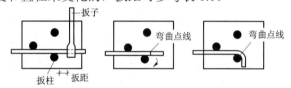

图1.10　扳距和弯曲点线、扳柱之间的关系

表1.1　弯曲角度与扳距的关系表

弯曲角度	45°	90°	135°	180°
扳距	$(1.5\sim2)d$	$(2.5\sim3)d$	$(3\sim3.5)d$	$(3.5\sim4)d$

2．机械弯曲成型

钢筋弯曲机有机械钢筋弯曲机、液压钢筋弯曲机和钢筋弯箍机等多种形式。

专题1.1　认识钢筋

在古代，人们很早就试图用竹筋或铁筋进行结构加固，以提高结构物的承载能力和耐久性。常用钢筋一般采用抗拉强度较好的碳钢或低合金钢，它们分为五个等级，级别越高，抗拉强度越好。常用的Ⅰ级钢筋有Q235(即A3钢)等；Ⅱ级钢筋有20MnSi等；Ⅲ级钢筋有25MnSi等。钢筋一般是通过热轧或冷轧生产出来的。

专题1.2 认识工程材料

工程材料是制造机械零件、建筑及工程构件、工具等的基本物质保障，按化学成分分为金属材料、非金属材料、复合材料。这些材料性能各异，使用场合不同。通常，金属材料可用热处理的方法改变其性能，以满足不同零件或工具的使用要求。材料变成机器产品的工艺过程如图1.11所示。

工程材料 ⟹ 毛坯成型 ⟹ 零件成型 ⟹ 机器产品

图1.11 材料变成机器产品的工艺过程

专题1.3 认识钢铁材料的生产过程

钢铁是以Fe和C为主要组成元素，同时还含有Si、Mn、P、S等杂质元素的合金。钢铁包含生铁与钢。

● 生铁：碳质量分数较高(2.11%～4.3%)，杂质元素的含量也较高的铁碳合金。生铁硬度高、性脆，很少直接使用。

● 钢：碳质量分数较低(0.03%～2.11%)，杂质元素的含量也较低的铁碳合金。钢一般具有较好的强韧性，是常用的金属材料。

钢材是指钢锭或钢坯经压力加工成各种形状规格的钢材。**钢材种类**有钢板、型钢、钢管、钢丝等。

钢铁的生产方法主要有轧制(分冷轧与热轧)、拉拔、挤压、锻造等。

钢材的生产流程为：炼铁(生铁)→炼钢(钢)→浇注(钢锭或钢坯)→压力加工(钢材)，如图 1.12 所示。

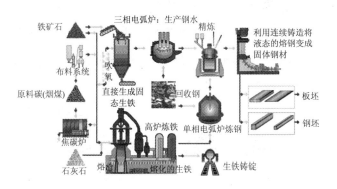

图 1.12　钢铁材料的加工流程

任务二 认识焊接

要想将剪裁合适的钢筋短料焊接起来，就要用到焊接技术，那么到底什么是焊接呢？

2.1 焊接概念及其理解

1. 焊接

焊接是指通过适当的手段，使两个分离的物体产生原子(分子)间结合而连接成一体的连接方法，如图2.1 所示。

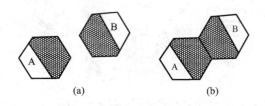

(a)　　　　　　(b)

图 2.1　焊接使物体产生了原子或分子结合

2. 理解

1) 适当的手段

指的是通过加热、加压或两者并用(加热、加压的目的是为原子或分子结合提供能量)，填加或不填加材料进行焊接。

2) 原子(分子)间结合

一旦获得外界能量，两个物体之间产生了原子或分子间的结合力，就意味着形成了永久连接，是不可拆卸的。

3) 可焊物体

可以是金属与金属，金属与非金属，非金属与非金属。

在工业生产中，焊接主要用于连接金属材料。要达到使两部分金属材料永久连接的目的，就必须使分离的金属非常接近。只有这样才能使原子间产生足够大的结合力，形成牢固的接头。这对液体来说是很容易的，而对固体来说则比较困难，需要外部给予很大的能量，以使金属接触表面达到原子结合的距离。通常采用加热、加压或两者并用的方法施加能量。

3. 区别于可拆卸连接(如螺钉连接、键连接)及一般不可拆卸连接(如铆接、焊接)

在机械制造工业中，使两个或两个以上零件连接在一起的方法主要有螺钉连接、键连接、铆钉连接和焊接等，见图 2.2 和图 2.3。

螺钉连接和键连接是机械连接，可以拆卸。而焊接则是利用两个物体原子间产生的结合作用来实现连接的，连接后不能拆卸，是永久性连接。过去不可拆卸连接一般采用铆接工艺，铆接是用一端带有半圆形预制钉头的铆钉，经加热后插入连接板的钉孔中，然后用铆钉枪连续锤击或用压铆机挤压铆钉成另一端的钉头，从而使连接件被铆钉夹紧形成牢固的连接。铆钉通常以具有良好塑性和顶端性能的普通碳素铆螺钢制成，铆钉连接传力可靠，塑性、韧性和整体性好，但构造复杂、用钢量大、施工麻烦(制孔、打铆)、打铆时噪音大、劳动条件差，目前已极少采用，几乎被焊接或高强度螺栓连接代替。

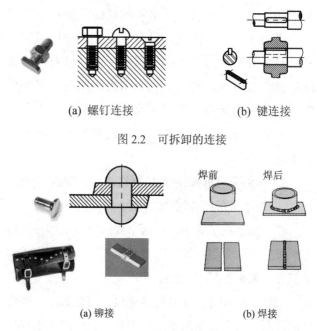

(a) 螺钉连接   (b) 键连接

图 2.2　可拆卸的连接

(a) 铆接   (b) 焊接

图 2.3　不可拆卸连接

2.2　焊接结构的优点

焊接结构有以下优点:

(1) 与铆接相比,可以节省大量原材料,减轻结构重量的 15%～20%;还可以简化加工与装配工序,而且一般焊接设备较铆接设备(如多头钻床)投资低,另外焊接的密封性也较好。

(2) 与铸造结构相比,工序简单,生产周期短,节省材料,不必像铸件那样因工艺要求加大截面尺寸、圆角,增加肋板,故整个结构较轻,且质量容易保证。

(3) 焊接结构还可以改变材料表面的性能。

(4) 某些型材采用焊接结构比轧制更经济,如当工字钢的高度大于 70 cm 时,采用钢板拼焊比轧制的成本低。

专题 2.1　学习焊接技术的意义

在各种产品制造工业中,焊接是一种十分重要的加工工艺。据工业发达国家统计,每年需要焊接加工之后使用的钢材占钢总产量的 45%。焊接不仅可以解决各种钢材的连接问题,而且还可以解决铝、铜等有色金属及钛、锆等特种金属甚至非金属材料的连接问题,因而已广泛应用于机械制造、造船、海洋开发、汽车制造、石油化工、航天技术、原子能、电力、电子、建筑等领域。因此,学习焊接技术具有重要的工业意义。

任务三 了解常用焊接方法及应用特点

根据前面的介绍我们知道了什么是焊接以及焊接的主要应用。日常工业生活中我们也碰到过一些焊接方法，但是你知道吗，如果把所有的焊接方法都算在内，总共可不止几十种。那么，是不是任何一种焊接方法都能用来进行花架的焊接呢？让我们先来了解一下常用的焊接方法和它们的应用。

3.1 常用焊接方法介绍

随着科学技术的发展，成熟的焊接方法已经有 50 多种，如图 3.1 所示，这些方法可以分为三大类：

(1) **熔焊**：焊接过程中，将待焊处的母材金属熔化以形成焊缝的方法。熔焊的关键是要有一个热量集中、温度足够高的局部加热热源。

(2) **钎焊**：采用比母材熔点低的金属材料作钎料，将焊件和钎料加热到高于钎料熔点、低于母材熔点的温度，利用液态钎料润湿母材金属，填充接头间隙并与母材金属相互扩散实现连接焊件的方法。

(3) **压焊**：焊接过程中，对焊件施加压力(无论加热或不加热)，以完成焊接的方法。

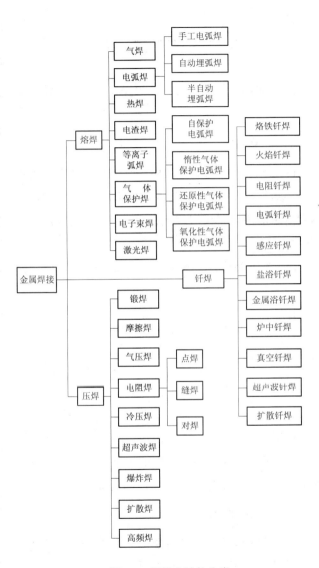

图 3.1　焊接方法的分类

3.2　焊接方法的选择

选择哪种焊接方法进行施焊操作，主要依据以下几点：

1.产品特点

(1) **产品的结构类型**：如规则的长、环焊缝用埋弧焊，短焊缝用气体保护焊，圆形断面用摩擦焊，高精度要求的用电子束焊或激光焊，微电子器件用高频钎焊。

(2) **工件厚度**：工件的厚度可在一定程度上决定所选用的焊接方法，每种焊接方法都有一定的适用材料厚度范围。

(3) **接头形式和焊接位置**：产品中各个接头形式根据使用要求和母材厚度、形状而定，可以采用对接、搭接、角接等；焊接位置往往根据产品的结构要求和受力情况而定，包括平焊、立焊、横焊、仰焊、全位置焊接等。

(4) **母材性能**：如导热性能、导电性能、熔点等冶金性能，都会影响到焊接方法的选择。

2.生产条件

(1) **技术水平**：焊工的操作水平和厂家的设计制造水平是选择焊接方法时必须顾及的因素。

(2) **设备**：焊接电源以及实现焊接的机械系统、控制系统、辅助设备将直接影响生产成本，也是选择焊接方法时必须谨慎考虑的主要因素。

(3) **焊接消耗材料**：如焊丝、焊条、填充金属、焊剂、钎剂、钎料、保护气等，不同焊接方法需要配用一定的消耗性材料，选择焊接方法时应综合考虑。

3.3　花架焊接方法的确定

花架材料为钢筋，牌号 Q235 即普通碳素结构钢，焊接性能很好，原则上用任何一种焊接方法都能实现对该种材料的焊接。但花架的结构决定其焊缝接头多为点焊或短焊缝，焊接位置变化多样，因此价格昂贵、工艺复杂、自动化程度高的焊接方法在此并不适用。而最常见也最灵活的两种熔焊方法：氧—乙炔气焊和手工电弧焊是焊接花架既经济又实用的好方法。

专题 3.1　什么是焊接性

金属材料的性能包含工艺性能和使用性能两方面。

工艺性能　即制造工艺过程中材料适应加工的性能，包括铸造性能、锻压性能、焊接性能、切削加工性能、热处理性能。钢材的可焊性是指在一定的材料、结构和工艺条件下，钢材经过焊接后能够获得良好的焊接接头的性能。可焊性分为两种：施工上的可焊性，是指在一定的工艺条件下，焊缝金属和近缝区钢材均不产生裂纹；使用上的可焊性，是指焊接接头和焊缝的机械性能均不低于母材的机械性能。

使用性能　即金属材料在使用条件下所表现出来的性能，包括力学性能、物理和化学性能。力学性能指金属材料在外力(载荷)作用时表现出来的性能，也称金属材料的机械性能，例如材料的弹性、塑性、强度、韧性等。

专题 3.2　电弧焊

电弧焊是常用的一种焊接方法，包括手工电弧焊、自动或半自动埋弧焊及气体保护焊等。

1) **手工电弧焊**

手工电弧焊的原理如图 3.2 所示。它由焊条、焊钳、焊件、电焊机和导线等组成。引弧后，在涂有焊药的焊条与焊件间产生电弧，使焊条熔化，滴落在焊件熔池中，并与焊件熔化部分结合成焊缝，而焊药形成的熔渣和气体覆盖在上面，防止空气中的氧、氮等气体与熔化的液体金属接触，避免形成脆性易裂的化合物。焊缝金属冷却后便把焊件熔成一体。手工电弧焊常用的焊条有 E43 型、E50 型和 E55 型，选用时应与主体金属的强度和性能相适应。Q235 钢通常采用 E43 型焊条(E4300～E4316)。手工电弧焊的优点是设备简单，操作灵活，适用性和可达性强，对各种焊接位置和分散或曲折短焊缝都可适用。缺点是生产效率比自动或半自动埋弧焊低，质量稍差且变异性大，施焊时电弧光较强。

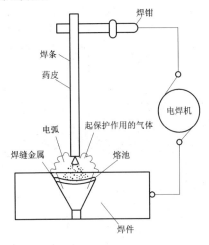

图 3.2　手工电弧焊原理图

2) 自动或半自动埋弧焊

埋弧焊是电弧在焊剂层下燃烧的一种电弧焊方法。如图 3.3 所示。自动埋弧焊无论是焊丝送进还是电弧按施焊方向的移动都由专门机构控制完成的。半自动埋弧焊则是焊丝送进都由专门机构完成，而电弧按焊接方向的移动是靠人工操作完成的。对于 Q235 钢常用 H08A 等焊丝。埋弧焊的优点是与大气隔离，保护效果好，且无金属飞溅，弧光也不外露；可采用较大电流使熔深加大，相应可减小对接焊件间隙和坡口角度；节省材料和电能，劳动条件好，生产效率高，质量稳定可靠，塑性和韧性也较高；其焊缝面常呈均匀鱼鳞状。

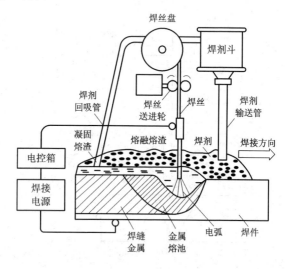

图 3.3　埋弧焊

3) 气体保护焊

气体保护焊是在焊接时用喷枪喷出的惰性气体(或 CO_2)把电弧、熔池与大气隔离，从而保持焊接过程的稳定。操作时可用自动或半自动焊接方式。气体保护焊的优点是电弧加热集中，焊接速度较快，熔池较小，热影响区较窄，焊接变形较小，焊缝强度比手工焊高，且具有较高的抗锈能力。此外，由于焊接时没有熔渣，故便于观察焊缝的成型过程。缺点是操作时需在避风处，且设备较复杂，电弧光较强，金属飞溅多，焊缝表面成型不如埋弧焊平滑。

4) 电阻焊

电阻焊是利用电流通过焊件接触点表面的电阻所产生的热量来熔化接触部分金属形成焊缝，再通过压力使其焊合，如图 3.4 所示。电阻焊适用于模压及冷弯薄壁型钢的焊接，且板叠总厚度在 6～12 mm 以内。

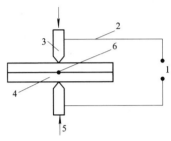

1—电源；2—导线；3—夹头；
4—焊件；5—压力；6—焊缝

图 3.4　电阻焊

专题 3.3　焊接技术的发展趋势

(1) 随着工业和科学技术的发展，焊接技术也在不断地发展进步。

提高焊接生产率是推动焊接技术发展的重要驱动力。提高生产率的途径有两点：一是提高焊接熔敷率，如手弧焊中的铁粉焊条、重心焊条、躺焊条，埋弧焊中的多丝焊、热丝焊等均属此类；二是减少坡口断面及熔敷金属量，如窄间隙焊接、电子束焊接、激光焊接等。

(2) 提高准备车间的机械化、自动化水平是当前先进工业国家重点发展方向。

(3) 焊接过程自动化、智能化是提高焊接质量稳定性、克服恶劣劳动条件的重要方向。

(4) 新兴工业的发展不断推动焊接技术前进。

(5) 热源的研究与开发是推动焊接工艺发展的根本动力。历史上每一种热源的出现，都伴随着新的焊接工艺的出现。

任务四　焊前准备

为获得优良的焊接接头，在正式施焊前进行的一系列工作，称为焊前准备。从广义上讲，焊前准备包括理论知识的储备和实际施焊的准备两部分。具体工作包括：确定接头形式、准备坡口等基础工作。

4.1　焊接接头形式介绍

焊接接头主要有对接、角接、T 形和搭接等 4 种，如图 4.1 所示。我们在焊接花架的过程中会碰到其中的一种或两种接头形式。

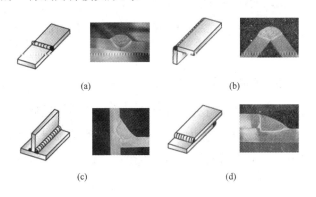

(a)　　　　　　　　　　　　(b)

(c)　　　　　　　　　　　　(d)

图 4.1　焊缝连接的型式

(a) 对接接头；(b) 角接接头；(c) T 形接头；(d) 搭接接头

1. 对接接头

两焊件端面相对平行的接头称为对接接头，它是焊接结构中采用最多的一种接头形式。根据坡口形式的不同，可分为 I 形、V 形、U 形、X 形和双 U 形等(见图 4.2)。

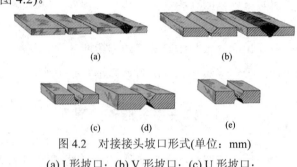

图 4.2　对接接头坡口形式(单位：mm)

(a) I 形坡口；(b) V 形坡口；(c) U 形坡口；

(d) X 形坡口；(e) 双 U 形坡口

2. 角接接头

两焊件端面间构成 30°～135° 夹角的接头称为角接接头。

3. T 形接头

一焊件端面与另一焊件表面构成直角或近似直角的接头称为 T 形接头。T 形接头的应用范围仅次于对接接头。以 T 形接头连接焊缝时，板厚小于 3 mm，可不开坡口。

4. 搭接接头

两焊件部分重叠构成的接头叫搭接接头。

4.2 焊接坡口

根据设计或工艺要求，在焊件的待焊部位加工成的具有一定几何形状和尺寸的沟槽叫坡口。其作用是：

(1) 使热源(电弧或火焰)能深入焊缝根部，保证根部焊透。

(2) 便于操作和清理焊渣。

(3) 调整焊缝成型系数，获得较好的焊缝成型。

(4) 调节基本金属与填充金属的比例。

花架因采用 6 mm 钢筋，结构不复杂，对强度的要求也不高，故不须开坡口。

4.3 焊缝的施焊方位

根据施焊者所持焊条与焊件间相互位置的不同，焊缝连接可分为平焊、立焊、横焊和仰焊四种，如图4.3 所示。平焊操作方便，焊缝质量最好；立焊、横焊操作较难，质量和效率低于平焊；仰焊操作条件最差，质量不易保证，故设计和制造时应尽量避免。花架因个体不大又无约束条件限制，故可以随便翻转，因此尽量采用平焊位置。

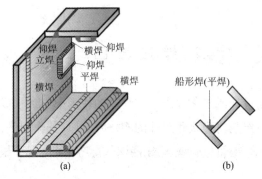

图 4.3　焊逢的施焊方位

专题 4.1　焊接坡口的选择原则

为获得高质量的焊接接头，应选择适当的坡口形式。坡口的选择主要取决于母材厚度、焊接方法和工艺要求。选择时，应注意以下问题：

(1) 尽量减少填充金属量。

(2) 坡口形状容易加工。

(3) 便于焊工操作和清渣。

(4) 焊后应力和变形尽可能小。

常见 V、U、X 形坡口的比较见表 4.1。

表 4.1　V、U、X 形坡口的比较

坡口形式	比　较　条　件			
	加工	焊缝填充金属量	焊件翻转	焊后变形
V	方便	较多	不需要	较大
U	复杂	少	不需要	小
X	方便	较少	需要	较小

专题 4.2　焊接坡口的制备方法

根据焊件的尺寸、形状及加工条件，坡口制备采取的方法主要有以下几种：

(1) 剪边：以剪板机剪切加工，常用于 I 形坡口。

(2) 刨边：用刨床或刨边机加工，常用于板件加工。

(3) 车削：用车床或车管机加工，适用于管子加工。

(4) 切割：用氧—乙炔火焰手工切割或自动切割机切割加工成 I 形、V 形、X 形和 K 形坡口。

(5) 碳弧气刨：主要用于清理焊根时的开槽，效率较高，但劳动条件较差。

(6) 铲削或磨削：用手工或风动、电动工具铲削，或使用砂轮机(或角向磨光机)磨削加工，效率较低，多用于焊接缺陷返修部位的开槽。

坡口加工质量对焊接过程有很大影响，应符合图纸或技术条件要求。

专题 4.3　焊接缺陷、质量检验和焊缝质量级别

焊接缺陷是指在焊接过程中产生于焊缝金属或附近热影响区钢材表面或内部的缺陷。最常见的缺陷有裂纹、焊瘤、烧穿、弧坑、气孔、夹渣、绞边、未熔

合、未焊透等，如图 4.4 所示。焊接缺陷直接影响焊缝质量和连接强度，使焊缝受力面积削弱，且在缺陷处引起应力集中，易形成裂纹，并导致扩展引起断裂。

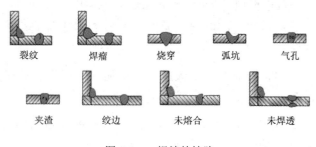

裂纹　　焊瘤　　烧穿　　弧坑　　气孔

夹渣　　绞边　　未熔合　　　未焊透

图 4.4　　焊缝的缺陷

按《钢结构工程施工及验收规范》GB 50205—93 规定的检验方法和质量要求，将焊缝质量分为三级，即一级、二级和三级焊缝。

对于质量检验一般可用外观检查及无损检验，前者检查外观缺陷和几何尺寸，后者检查内部缺陷。无损检验目前广泛采用超声波检验，有时还用磁粉检验、荧光检验等方法作为辅助。当前可靠的检验方法是 X 射线或 γ 射线透照或拍片(其中 X 射线应用较广)。

对于质量要求，一级焊缝要求对全部焊缝作外观检查及无损探伤检查，在对抗拉力和疲劳性能要求较高处可采用。

二级焊缝要求对全部焊缝作外观检查，对部分焊缝作无损探伤检查。对有较大拉应力的对接焊缝，以及直接承受动力荷载构件的较重要焊缝，可部分采用。

三级焊缝只要求对全部焊缝作外观检查，用于一般钢结构。

任务五　采用手工电弧焊进行花架焊接

组成花架的钢筋可以用手工电弧焊进行焊接组装，那么到底怎样进行手工电弧焊呢？首先我们要了解手工电弧焊的原理、基本设备及使用方法、具体施焊步骤以及相关安全注意事项，然后才能动手操作。

5.1　什么是手工电弧焊

1. 电弧

电弧是指持久而强烈的发光发热的放电现象，也可以说是一种局部气体的导电现象。在一般情况下，气体是不导电的，要使两电极间气体连续放电，就必须使两电极间的气体介质能连续不断地产生足够多的带电粒子(电子、正离子)，使气体具有导电性。同时在两电极间加上足够高的电压，使电子、正离子在电场作用下向两极作定向运动。这样，在两电极的气体中就能不断通过较大的电流，形成连续燃烧的电弧，如图 5.1 所示。电弧放电时，一方面产生高热，同时产生强光。二者在工业上都得到应用。电弧的高热可用来进行电弧切割、碳弧气刨以及电弧焊接等，电弧的强光能照明(如探照灯)，弧光灯可放映电影等。

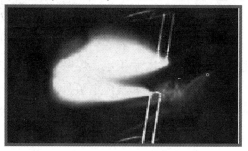

图 5.1　电弧的产生

2．手工电弧焊

手工电弧焊是利用电弧作为热源熔化焊条和母材形成焊缝的一种手工操作的焊接方法。电弧温度可达 6000℃～8000℃。

3．应用

手工电弧焊的应用范围广，适应性强，生产效率低，适用于焊接单件、小批的产品，用于不规则的各种空间位置及不易实现机械化、自动化的场合，工件厚度要求在 1.5 mm 以上。

5.2　手工电弧焊的主要设备、材料与选用方法

1．焊接电源

电源是在电路中用来向负载供给电能的装置，而

手工电弧焊电源即是在焊接回路中为焊接电弧提供电能的设备。为区别于其他的电源，这类电源称为弧焊电源。常用的弧焊电源有弧焊发电机、弧焊变压器和弧焊整流器，见表 5.1。手工电弧焊电源按产生的电流种类，可分为交流电源和直流电源两大类。交流电源有弧焊变压器，直流电源有弧焊发电机和弧焊整流器两种。

表 5.1　三种弧焊电源的比较

电源种类 比较项目	弧焊发电机	弧焊变压器	弧焊整流器
电流种类	直流	交流	直流
电弧稳定性	好	差	较好
磁偏吹	较大	小	较大
构造与维修	较复杂	简单	较简单
噪声	大	很小	很小
供电	三相	单相	三相
功率因数	高	小	较小
效率	低	高	较高
空载损耗	较大	小	较小
成本	高	低	较高
质量	好	较好	较好
电流调节方法	不能遥控	不能遥控	可遥控

1) 直流弧焊发电机

直流弧焊发电机有两种形式：一种是电动机和特种直流发电机的组合体；另一种是柴油(汽油)机和特

种直流发电机的组合体，用以产生适用于焊条电弧焊的直流电。其优点是焊接电弧稳定，输出电流脉动小，受网路电压波动的影响小，过载能力强，是目前应用最多的直流弧焊电源。常用的弧焊发电机主要有AXC—160、AXC—200等柴油机驱动直流弧焊发电机组，AXD系列直流弧焊发电机和AXH型越野汽车焊接工程车。

2) 弧焊变压器

弧焊变压器可将交流电网的交流电变成适用于焊条电弧焊的低压交流电。其优点是结构简单，使用方便，易于维修，价格便宜，无磁偏吹，噪声小；缺点是不能用碱性低氢型焊条焊接。常用的弧焊变压器有BX 1—300、BX 1—330、BX 3—500、BX 2—500等型号。

3) 弧焊整流器

弧焊整流器是把交流电经整流装置整流变为直流电的弧焊电源。与直流弧焊发电机相比，其优点是噪声小，空载损耗小。随着整流元件质量的提高，弧焊整流器的性能已接近弧焊发电机水平，使用范围日益扩大。弧焊整流器的缺点是过载能力小，使用和维护要求较高等。常用的弧焊整流器有：ZX—150、ZX—250、ZX—300、ZX—400等硅弧焊整流器，ZX3系列弧焊整流器，ZX 5系列晶闸管式弧焊整流器，ZX7系列逆变弧焊整流器等。

弧焊电源型号按《电焊机型号编制方法》GB 10249—88 规定编制。型号采用汉语拼音字母和阿拉伯数字表示。型号的编排次序及含义如图 5.2 所示。

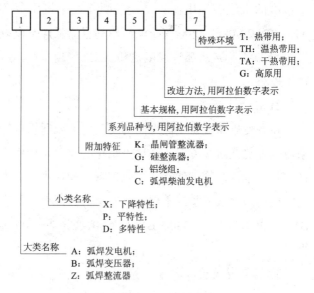

图 5.2　电源型号的编排次序及含义

例如，AX—320 型表示具有陡降外特性的弧焊发电机，额定焊接电流为 320 A，BX1—300 型表示具有陡降外特性的弧焊变压器，额定焊接电流为 300 A；ZX5—400 型表示具有陡降外特性的晶闸管式弧焊整流器，额定焊接电流为 400 A；ZX7—400 型表示具有陡降外特性的变频式弧焊整流器，额定焊接电流为 400 A。

2．工具和辅具

为了保证焊接过程的顺利进行，保障焊工的安全，手工电弧焊时必须备有各种相应的工具，如焊钳、电缆线及焊接电缆线快速接头等。

1）焊钳

焊钳的作用是夹持焊条和传导焊接电流。焊钳应具有良好的导电性，不易发热，质量轻，夹持焊条牢固，装换焊条方便。焊钳如图 5.3 所示。使用时，钳口上的焊渣要经常清除，以减小电阻，降低热量，延长其使用寿命。

图 5.3　焊钳

2）电缆线

电缆线是连接焊机与焊钳和焊机与焊件的导线，其作用是传导焊接电流。电缆线应柔软，容易弯曲，具有良好的导电性能，外表应有良好的绝缘层。电缆线外皮如有烧损，应立即用绝缘胶布包扎好或更换，以避免触电。电缆线截面积的大小应根据焊接电流的大小和导线长度选择，见表 5.2。

表 5.2　电缆线的选择标准

焊接电流/A ＼ 电缆线横截面积/mm² ＼ 电缆线长度/m	20	30	40	50	60	70	80	90	100
100	25		25	25	25	25	25	25	35
150	35	25	35	35	50	50	60	70	70
200	35	35	35	50	60	70	70	70	70
300	35	35	60	60	70	70	70	85	85
400	35	50	60	70	85	85	85	95	95
500	50	60	70	85	95	95	95	120	120
600	60	70	85	85	95	95	120	120	120

3) **焊接电缆线快速接头**

电缆线快速接头是一种快速方便地连接焊接电缆线的装置。它采用导电性好并具有一定强度的锻制黄铜加工而成，并在外面套上氯丁橡胶护套，可保证接线处接触良好和安全可靠，见图5.4所示。

图 5.4　焊接电缆线

4) **敲渣锤和钢丝刷**

敲渣锤和钢丝刷(如图 5.5(a)和(b)所示)的作用主要是清理焊缝表面、焊缝层间的焊渣及焊件上的铁锈、油污。锤的两端可根据实际情况磨成圆锥形或扁铲形等。

5) **地线夹**

为保证焊机输出导线与工件可靠连接，可采用地线夹连接，地线夹的形状如图5.5(c)所示。

6) **面罩及黑玻璃**

面罩是用以避免焊接时的飞溅金属、强烈弧光，熔池和焊件的高温对焊工面部及颈部灼伤的一种遮蔽工具。它有手持式和头戴式两种，见图 5.5(d)。黑玻璃又称护目玻璃，其作用是减弱弧光的强度，并过滤红外线和紫外线，使焊工在操作时既能观察熔池，又能免受弧光灼伤。黑玻璃按其颜色深浅分为 6 个型号，即 7～12 号。号数越大，颜色越深。玻璃型号一般根据焊工视力情况、焊接电流大小和工作时间(白天或晚上)选择。如视力好、使用焊接电流大、晚上焊接，则黑玻璃号数应大些，反之则选小些。为防止黑玻璃片被飞溅金属损坏，必须在黑玻璃片的前后各放一块白玻璃，前向的白玻璃片根据金属飞溅的情况可随时更换。

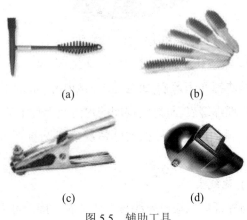

(a)   (b)

(c)   (d)

图 5.5　辅助工具

7) 皮围裙与脚罩、手套

防护服是为了防止焊接时触电及被弧光和金属飞溅物灼伤。焊工焊接时，必须戴皮革手套、工作帽，穿好工作服、脚罩、绝缘鞋等，如图 5.6 所示。焊工在敲渣时，应戴平光眼镜。

图 5.6　穿戴防护服的焊工

3．材料

电焊条：在手工电弧焊中，焊条作为电极与母材金属间产生持续稳定的电弧，以提供熔化焊所必需的热量；同时，焊条又作为填充金属加到焊缝中去。因此，焊条对于焊接过程的稳定性和焊缝力学性能等的好坏都有较大的影响。下面介绍焊条的组成物及其作用，焊条的分类、型号、规格以及它的质量鉴别和保管等。涂有药皮的、供手弧焊使用的熔化电极称为焊条，它由焊芯和药皮两部分组成。通常焊条引弧端有倒角，药皮被除去一部分，露出焊芯端头。有的焊条引弧端涂有黑色引弧剂，引弧更容易。在靠近夹持端的药皮上印有焊条型号，如图 5.7 所示。

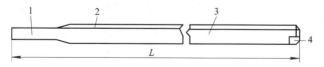

1—夹持端；2—药皮；3—焊芯；4—引弧端

图 5.7　电焊条

(1) 焊芯：作为电极产生电弧；同时在电弧的作用下熔化后，作为填充金属与熔化了的母材混合形成焊缝。

(2) 药皮：涂敷在焊芯表面的有效成分。药皮的作用如下。

① 稳弧作用。焊条药皮中含有稳弧物质，可保证电弧容易引燃和燃烧稳定。

② 保护作用。焊条药皮熔化后产生大量的气体笼罩着电弧区和熔池，基本上能把熔化金属与空气隔绝开，保护熔融金属，熔渣冷却后在高温焊缝表面上形成渣壳，可防止焊缝表面金属不被氧化并减缓焊缝的冷却速度，改善焊缝成型。

③ 冶金作用。药皮中加有脱氧剂和合金剂，通过熔渣与熔化金属的化学反应，可减少氧、硫等有害物质对焊缝金属的危害，使焊缝金属获得符合要求的力学性能。

④ 渗合金作用。由于电弧的高温作用，焊缝金属中所含的某些合金元素被烧损(氧化或氮化)，这样会使焊缝的力学性能降低。通过在焊条药皮中加入铁合金或纯合金元素，使之随药皮的熔化而过渡到焊缝金属中去，以弥补合金元素烧损缺陷和提高焊缝金属的力学性能。

⑤ 改善焊接的工艺性能。通过调整药皮成分，可改变药皮的熔点和凝固温度，使焊条末端形成套筒，

产生定向气流，有利于熔滴过渡，可适应各种焊接位置的需要。

焊条根据用途可分为：碳钢焊条、低合金钢焊条、不锈钢焊条、耐热钢焊条、低温钢焊条、铝及铝合金焊条、镍及银合金焊条、铜及铜合金焊条、铸铁焊条和特殊用途焊条等。按焊条药皮熔化后的熔渣特性分类可分为：碱性焊条和酸性焊条。酸性焊条熔渣的主要成分是酸性氧化物(如 SiO_2、TiO_2、Fe_2O_3 等)，它在焊接过程中容易放出含氧物质，以及药皮里的有机物分解时产生保护气体。因此烘干温度不能超过 250℃。这类焊条氧化性较强，容易使合金元素氧化，同时电弧中的氢离子容易和氧离子结合生成氢氧根离子，可防止产生氢气孔，因此这类焊条对铁锈不敏感。酸性渣不能有效地清除熔池中的硫、磷等杂质，因此焊缝金属产生偏析的可能性较大，出现热裂纹的倾向较高，焊缝金属的冲击韧度较低。酸性焊条的优点是价格较低，焊接工艺性较好，容易引弧，电弧稳定，飞溅小，对弧长、油锈不敏感，焊前准备要求低，而且焊缝成型好，广泛用于一般结构。这类焊条的典型牌号产品有：J422、R202、R307 等。碱性焊条熔渣的主要成分是碱性氧化物(如大理石、萤石等)和铁合金，而焊接时大理石分解，产生二氧化碳气体。这类焊条的氧化性弱，对油、水、铁锈等很敏感。如果焊前工件焊接区没有清理干净或焊条未完全烘干，容易产生气孔。

但焊缝金属中合金元素较多，硫、磷等杂质较少，因此焊缝的力学性能，特别是冲击韧度较好，故这类焊条主要用于焊接重要结构。碱性焊条突出的缺点是价格稍贵，工艺性能差，引弧困难，电弧稳定性差，飞溅较大，必须采用短弧焊接，焊缝外形稍差，鱼磷纹较粗。

焊条的选用原则是：

① 对于承受静载荷或一般载荷的焊件和结构，通常选用抗拉强度与母材相等的焊条，这就是等强度原则。

② 焊接在特殊环境下工作的工件或结构(如要求耐磨、耐腐蚀，在高温或低温下具有较高的力学性能等)，则应选用能保证熔敷金属性能与母材相近的焊条，这就是等同性原则。

③ 根据工件或焊接结构的工作条件和特点来选择焊条叫等条件原则。如焊接需承受动载荷或冲击载荷的结构，应选用熔敷金属冲击韧度较高的碱性焊条。反之焊接一般结构时，可选酸性焊条。我们焊接花架用的就是普通的酸性焊条 J422，焊条直径为 2.5 mm。

5.3　手工电弧焊操作方法

焊接设备连接如图 5.8 所示。

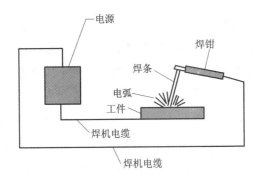

图 5.8 手工电弧焊设备的连接

1. 连接设备并装夹焊条

按照图 5.9 所示连接焊接设备，操作时应戴手套。地线钳夹持到工件或与工件接触的台架上。焊条的夹持端装夹到焊钳上，如直接夹持焊条，可能因药皮不导电造成无法引弧。

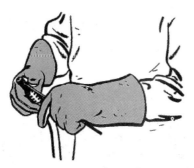

图 5.9 夹持焊条

2. 引弧

引弧方法有两种：一种叫划擦法，另一种叫直击法。对初学者来说划擦法易于掌握。可是当这种方法掌握不当时，容易损坏焊件表面，特别是在狭窄的地方焊接或焊件表面不允许损伤时，就不如直击法好。初学直击法较难掌握，一般容易发生药皮大块脱落、电弧熄灭或焊条粘住焊件的现象。这是因为初学时手腕动作不熟练，没有掌握好焊条离开焊件时的速度和距离。如果动作较快，焊条提得太高，就不能引燃电弧或电弧只燃烧一瞬间就熄灭；如果动作太慢，焊条提得太低，就可能使焊条与焊件粘在一起，造成焊接回路的短路现象。所以在引弧时，手腕的动作必须灵活、准确，才能避免这些现象。

(1) 划擦法：动作似划火柴，先将焊条末端对准焊缝，然后将手腕扭转一下，使焊条在焊件表面上轻微划擦一下(划擦长度为 20 毫米左右，并应落在焊缝范围内)，然后手腕扭平，将焊条提起约 3～4 毫米，将弧长保持在与所用焊条直径相适应的范围内。如图5.10 所示。

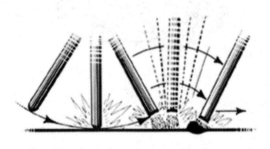

图 5.10　划擦引弧过程

(2) 敲击法：先将焊条末端对准焊缝，然后将手腕放下，轻轻碰一下焊件，随即将焊条提起约 3～4 毫米。产生电弧后，迅速放平手腕，使弧长同样保持在与所用焊条直径相适应的范围内，如图 5.11 所示。

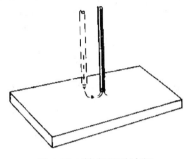

图 5.11　敲击引弧过程

引弧时，如果发生焊条和焊件粘在一起的情况，只要将焊条左右摇动几下，就可脱离焊件。如果这时还不能脱离焊件，就应立即将焊钳放松，使焊接回路断开，待焊条稍冷后再拆下。如果焊条粘住焊件的时间过长，则会因过大的短路电流使电焊机烧怀，所以引弧时手腕动作必须灵活、准确，而且要选择好引弧起始点的位置。

3. 运条

电弧引燃后，焊条要有三个基本方向的运动才能使焊缝良好成形。如图 5.12 所示，这三个方向的运动是：朝着熔池方向作逐渐送进动作；横向摆动；沿着焊接方向逐渐移动。在电弧高温作用下，焊条不断熔化，形成焊缝金属。为了保持弧长的稳定，就必须不断向熔池送进焊条。显然只有送进焊条的速度与焊条熔化的速度一致时，弧长才能保持稳定。若送进速度过快，则会使弧长变短，以致把电弧压死；若送进速度过慢，则弧长变大，弧长的来回变化易产生气孔、夹渣，且会引起焊接电流的漂移。弧长的变化还会造成电弧电压的变化，从而使焊缝宽窄不均匀。焊条沿焊接方向移动的过程是逐渐熔填金属的焊接过程。焊条在这个方向移动的速度快慢对焊缝质量有很大影响。速度过快，电弧不能熔化足够的焊条和焊件金属，极易产生未焊透、未熔合及咬边等缺陷。速度过慢，则造成金属过热、晶粒粗大、组织恶化、机械性能下降和焊瘤、烧穿等缺陷。移动的速度不仅要合适，而且还要均匀，时快时慢则会造成焊缝表面高低不平。横向摆动的目的是为了获得一定宽度的焊缝。摆动的范围应依据焊缝要达到的宽度来决定。横向摆动的一致性以及摆动频率的均匀性是保证焊缝宽度均匀的前提。而横向摆动的线速度是不能均匀的，一般在焊缝两侧都要稍作停留，以填满熔池，防止产生咬边。运条方法是从大量生产实践中总结出来的焊条各种摆动手法。掌握运条的熟练程度，标志着一个工人的操作技术水平。选择运条的方法时，应根据接头形式、焊缝位置、坡口间隙、钝边厚度、焊件厚度、焊道层数以及焊接电流等多种因素来确定。

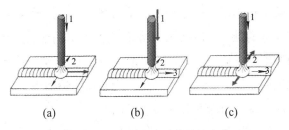

图 5.12　焊条的三个基本运动方向

4. 焊缝的起头、接头与收尾

(1) 起头：焊缝的起头是指刚刚开始焊接的部分。起头容易产生的缺陷主要有两个方面。首先由于母材温度低，因而熔池浅、窄，焊条熔化多，母材熔化少，极易使焊缝成型窄而高，熔深不够，造成焊缝强度较低。其次是起头时焊条端部套筒形成不良，药皮产生的气体保护作用差，电弧气中易侵入空气，形成气孔。因此，正确的起头方法应为：先在远离起头部位约20毫米处引弧；电弧引燃后，平稳地拉到起头部位，适当抬高电弧，对母材预热；预热一段时间后，迅速压低电弧，建立熔池。

(2) 接头：焊缝的接头，也是容易出现焊接缺陷的部位，如处理不当，极易产生接头过高以及气孔、夹渣等缺陷。按焊缝接头处收尾熔池的温度分类，有热接和冷接两种。热接是指熔池尚未冷却，还处在红热状态时进行连接。热接的接头焊缝平滑美观，不易出现焊缝过高和未焊透等缺陷，但热接要求焊工的换焊条动作迅速熟练。初学者不易掌握，在技术操作上有一定的难度。冷接是指熔池完全冷却后接头。冷接的要求基本同于起头，只是要注意新建熔池的部位要靠近原熔池焊接方向的部位，不要在原熔池中心建立熔池，这样可避免焊缝接头过高。

(3) 收尾：焊缝的收尾是指一条焊缝的收尾处。收尾处理不当，极易产生弧坑、气孔、火口裂纹等缺陷，造成应力集中，强度降低，往往成为结构破坏的起源点。生产中，在收尾的地方若不填满弧坑，则将产生不允许存在的缺陷。收尾有几种常用方法：

① 划圈收尾法：收尾时，焊条做圆圈运动，并逐渐抬高电弧，直至弧坑填满后，方拉断电弧。此法只适用非重要焊缝的中厚板焊缝收尾。

② 反复断弧收尾法：收尾时，熄灭电弧，待熔池温度降低，其直径变小后，再迅速点燃电弧；填充一定铁水后，再迅速拉灭电弧，反复这个动作，直至填满弧坑。此法只适用于薄板和大电流焊接时的收尾。

③ 回焊收尾法：到收尾部位时，以原焊接方式反方向向焊好的焊缝上运条，因而叫回焊收尾法。收弧后把回焊段焊缝增高部分用砂轮磨掉，这种方法的优点是不易产生气孔和火口裂纹。因为把收弧缺陷较多的焊缝增高部分用砂轮磨掉了，这就保证了焊缝的质量。对碱性焊缝来说，都应采用这种方法收尾。

5.4 焊接的用电安全与防护

在利用电能转变为热能的焊接方法中，电弧加热的手工电弧焊和钨极电弧焊应用最为广泛。电焊经常处于带电状态下作业，随时都有电伤害的危险。由于焊工经常与电打交道，因而应具有一定的安全用电常识。电的伤害有两类，即电伤和电击。电伤主要是对人体外部造成的局部伤害；电击则是人体有电流通过，导致局部或全身触电，后果是非常严重的。电击伤害是防护不好造成的，主要原因有：

(1) 焊工更换焊条或接触焊把带电部分，身体某部位和地面或部件之间(金属容器内)隔离不好及在潮湿地带焊接。

(2) 身体某部位碰到裸露带电的接头、导线。

(3) 交流电焊机的一次线圈和二次线圈的绝缘部分损坏，身体某部位碰到二次线路的裸露部分，同时又无可靠的保护接地措施。

(4) 电焊机外壳漏电，人体碰到焊机外壳。

在电焊操作中为防止人体触及带电体，一般采取绝缘焊护、间隔、自动断电和个人防护等安全措施。

发生触电事故时，应注意的事项有：切勿惊慌失措，应立即使触电者脱离带电体，并注意救护者自身安全；及时对触电者施行急救措施，并请医生救治。

5.5 电焊弧光安全与防护

电弧焊过程中，不仅有强烈而炽热的可见光，而且还有看不见的红外线和紫外线，这些光线均属热线谱，如不注重防护，将造成弧光伤害。可见光由于光线强烈，对眼睛刺激很大，短时间照射会使眼睛发花，视物不清，过后可恢复正常；长时间强烈照射，会引起视力减退。紫外线会使人体裸露的皮肤形成"晒斑"，直接照射 1～3 h，会使皮肤灼伤，像太阳晒过一样，先变成红色，以后逐渐脱皮。眼睛受紫外线影响，会感到疲乏，若接触次数增多，就会产生畏光、流泪、眼睛红肿、疼痛等。如有磨砂感，不能入睡，这种症状叫电光性眼炎(俗称"打眼")，但持续 1～2 天就会慢慢好转，对眼睛不会造成永久性伤害。红外线的伤害程度与作用时间的长短关系极大，短时间作用皮肤会出现灼热感觉，长期作用会使人体温度升高，引起头疼、眩晕或呕吐，甚至引起视觉失常，形成红外线视网膜灼伤，对人体可造成永久性的伤害。为防止弧光对人眼睛和皮肤的伤害，电焊工应配齐满足防护要求的用具。防护用具有面罩、护目镜片、电焊手套和工作服等。

电光性眼炎为电焊工人常见的暂时性病患，为减少病痛，让患者得到及时医治，现介绍以下几种方法：

(1) 奶汁点治法：用空眼药瓶放入奶汁(牛奶、人奶均可)，间隔 1～2 min 向眼内点滴一次，连续 4～5 次就可止痛、止泪，一般 30 min 即可治愈。

(2) 冷敷治疗法：利用果实、菜品，如土豆、黄瓜、豆腐，洗净切成薄片，敷放在眼睛上，闭目休息 20 min 即可。若未愈，可换一片再敷。也可将眼睛浸入凉水内，睁开几次，再用凉湿毛巾敷在眼睛上，约 8～10 min 更换一次，短时间内即可治愈。

(3) 热烤治疗法：眼炎开始不久，可到无烟的火源旁烤，烤时要睁着眼睛由远渐近，由低温逐步升高，约 15～30 min 即可治愈。

(4) 药物治疗法：一般情况下可根据焊工身体状况采用药物治疗，向眼内滴入普鲁卡因眼药水的治疗效果较好，但对药物过敏者慎用。

5.6 金属烟尘和有害气体安全与防护

焊接操作中会产生大量金属烟尘，并会有许多细小的固体微粒，这种飘浮于空气中的烟雾和粉尘微粒一般也叫做"气溶胶"，主要来源于金属元素的蒸发及焊条药皮的蒸发和氧化。

焊接烟尘的成分非常复杂，不同焊接方法所产生的烟尘成分及危害程度也不相同，但对人体有危害是肯定的。黑色金属焊接中，手工电弧焊和二氧化碳气体保护焊所产生的有害粉尘主要是锰、碳、硅，而影响人体最大的则是锰。铁和硅是较小的，但其尘粒极细，在空气中停留的时间较长，容易吸入肺内造成病患。因此，在烟尘浓度较大的情况下，如没有相应的防护、排尘措施，长期接触则能引起尘肺、锰中毒和"金属热"等职业性危害。

室内作业时，要求车间宽敞，空气自然流动条件良好；在施焊空间小的环境里，应设置通风设备，及时排除电焊烟尘，使烟尘浓度降至最低或符合国家卫生标准要求。

5.7　手工电弧焊的安全注意事项

(1) 工作前应穿好工作服及鞋帽、手套、脚罩，戴好防护面具。

(2) 工作前必须细致检查工作场地周围有无易燃易爆物品，做好防火安全设施。焊接工作地点周围 5 m 内不得有易燃易爆物品。

(3) 电焊机不得放在高温或潮湿地方，操作环境应通风良好。

(4) 电焊机外壳必须接地，方可工作。

(5) 在潮湿的地方工作时要有绝缘台，下雨时禁止在露天场所工作。

(6) 在容器内工作时，要有良好的绝缘防护用具(绝缘垫、绝缘鞋、手套等)，并在近处设一电门，派专人监护，有危险应随时关闭电门。

(7) 焊接容器、管道前必须检查其内部有无可燃气体，有无压力及其他液体，以免引起燃烧及爆炸事故。

(8) 工作中如需离开工作岗位时，必须将电源切断。

(9) 工作中严禁用手直接按住工件进行焊接。

(10) 作业完毕后要检查火星，妥善处理余火，必须将电闸拉下。

(11) 电焊机的拆装修理工作应由电工负责，焊工不得随意乱拆及改装电器设备。

5.8　花架焊接的具体步骤

花架焊接的具体步骤如图 5.13 所示。

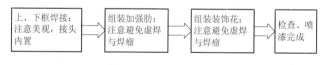

图 5.13　花架焊接具体步骤

专题 **5.1**　**低碳钢的焊接性**

由于低碳钢含碳量较小，故其焊接性较好。焊接低碳钢时，一般不需要采用特殊的工艺措施，对焊接电源没有特殊要求。低碳钢一般也不需要焊前预热。低碳钢焊后一般不需要进行热处理，但当结构刚度较大或壁厚大于 36 mm 时，焊后可采用一定的退火处理。低合金结构钢焊接时，主要根据钢材的力学性能选择相应强度等级的焊条。

专题 5.2 专业术语

熔池 熔化焊接时，在焊接热源作用下，焊件上所形成的具有一定几何形状的液态金属部分。

焊接化学冶金 熔焊时，焊接区的熔化金属、熔渣、气体之间在高温下进行的一系列化学冶金反应。

熔滴 电弧焊时，在焊条(或焊丝)端部形成的，并向熔池过渡的液态金属滴。

熔渣 焊接过程中，焊条药皮或焊剂熔化后，经过一系列化学变化形成的覆盖于焊缝表面的非金属物质。

焊接接头 用焊接方法连接的接头(简称接头)，焊接接头包括焊缝、熔合区和热影响区。

焊缝 焊件经焊接后所形成的结合部分。

熔合区 焊接接头中，焊缝向热影响区过渡的区域。

热影响区 焊接(或切割)过程中，材料因受热的影响(但未熔化)而发生金相组织和力学性能变化的区域。

碳当量： 把钢中合金元素(包括碳)的含量按其作用换算成碳的相当含量。可作为评定钢材焊接性的一种参考指标。

预热 焊接开始前，对焊件的全部(或局部)进行加热的工艺措施。

专题 5.3　焊缝的外观与控制

焊缝的外观与控制如图 5.14 所示。

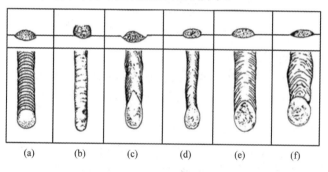

图 5.14　焊缝的外观与控制

(a) 正常焊接；(b) 焊接电流过低；(c) 焊接电流过高；
(d) 焊速过快；(e) 焊速过慢；(f) 电弧过长

专题 5.4　焊条的储存、保管及烘干

按《焊条质量管理规程》JB 3323—83 规定，焊条的储存、保管和使用前的烘干要求如下：

① 焊条必须存放在干燥、通风良好的室内仓库里。焊条储存库内，不允许放置有害气体和腐蚀性介质，室内应保持整洁。

② 焊条应存放在架子上，架子离地面的距离应不小于 300 mm，离墙壁距离不小于 300 mm，室内应放置去湿剂，严防焊条受潮。

③ 焊条堆放时应按种类、牌号、批次、规格、入库时间分类堆放，每堆应有明确的标志，避免混乱。发放焊条时应遵循先进先出的原则，避免焊条存放期太长。

④ 焊条在供给使用单位以后，保证至少在六个月之内能继续使用。

⑤ 特种焊条的储存与保管制度应比一般焊条严格。并将它们堆放在专用库房或指定区域内，受潮或包装损坏的焊条未经处理不准入库。

⑥ 对于已受潮、药皮变色和焊芯有锈迹的焊条，须经烘干后进行质量评定。若各项性能指标都满足要求，方可入库，否则不准入库。

⑦ 一般焊条一次出库量不能超过两天的用量。已经出库的焊条焊工必须保管好。

⑧ 焊条储存库内应设置温度计和湿度计，低氢型焊条库内温度不低于 5℃，空气相对湿度应低于60%。

⑨ 存放期超过一年的焊条，发放前应重新做各种性能试验，符合要求时方可发放，否则不准发放。

专题 5.5　采用直流电源时的手工电弧焊

如图 5.15 所示，手工电弧焊采用直流电源时，若工件接电源负极称直流反接(负极性)；反之，称直流正接(正极性)。直流正接时工件接正极，温度较高，故用来焊接厚板，而反接可用来焊接薄板。因低氢型碱性焊条药皮中含有较多的萤石(主要是氟化钙)，必须使用直流反接。采用其他类型药皮的焊条时，仍按上述原则选择电源极性。

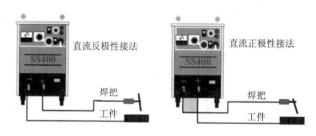

图 5.15　采用直流电源时的手工电弧焊

专训 5.1　低碳钢平板对接手工电弧焊

要想焊出漂亮的花架，首先要进行简单的练习，掌握必要的操作技巧。下面(表 5.3 所示)设计的这个平板对接手工电弧焊训练项目，主要是练习引弧、焊接、收弧等基本的操作能力，要求同学们以自己练习、自考或小组互评的方式完成。

表 5.3 低碳钢手工电弧焊

项目编号 (Item No.)	IJ2113	项目名称 (Item)	金工基本技能实训 焊接基本技能实训	训练对象 (Class)	全院文、理科各专业学生	学时 (Time)	14
课程名称 (Course)		低碳钢手工 电弧焊	教 材 (Textbook)		现代焊接实用实训(第二版)		
目的 (Objective)		1. 初步掌握手工电弧焊操作方法，一般工艺规范，达到独立操作水平。 2. 初步掌握手工电弧焊的安全知识及注意事项。					

一、工具、设备、材料

弧焊变压器、工作台、电焊面罩、电焊手套、电焊脚罩、打渣锤、钢丝刷、铁钳等。

二、训练方法

（一）教师讲解

1. 手工电弧焊的安全注意事项。

2. 手工电弧焊操作步骤。

3. 工件焊接演示。

（二）工件的训练与完成

1. 工件正确使用工、护具。

2. 练习工艺规范。

3. 认识熔池，掌握基本工艺。

4. 工件练习。

5. 自考。

三、考核标准

工件评分标准(扣为完为止)如下:

1. 焊缝两端的起弧和收弧处无焊道,每毫米长度扣 2 分。

2. 焊缝表面不可低于母材表面,低于母材表面 0.5 mm 以内扣 15 分,低于母材 0.5 mm 以上扣 30 分。

3. 焊缝高低差应≤2 mm,每增加 0.5 mm 扣 5 分。

4. 焊缝宽度差应≤2 mm,每增加 2 mm 扣 5 分。

5. 焊缝直线度应≤2 mm,每增加 2 mm 扣 5 分。

6. 焊缝超宽 4 mm 后,每增加 1 mm 宽度扣 5 分;不足最低宽度要求,每小于 1 mm 宽度扣 5 分。

7. 焊缝咬边深≤0.5 mm,大于 0.5 mm 扣 20 分,大于焊缝总长度 10%扣 20 分。

8. 焊缝接头未脱节应≤2 mm,每增加 2 mm 扣 5 分,接头处无焊道扣 40 分。

9. 焊道上发现未熔合,夹渣、焊瘤,每处扣 30 分。

附:零件图

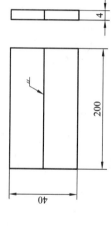

专训 5.2 低碳钢 T 型接头手工电弧焊

表 5.4 T 型接头手工电弧焊

项目编号 (Item No.)	I2114	项目名称 (Item)	T 型接头手工电弧焊	训练对象 (Class)	全院文、理科 各专业学生	学时 (Time)	14
课程名称 (Course)	金工基本技能实训 焊接基本技能实训	教 材 (Textbook)			现代焊接实用实训（第二版）		
目的 (Objective)	1. 初步掌握手工电弧焊的操作方法，一般工艺规范，达到独立操作水平。 2. 初步掌握手工电弧焊的安全知识及注意事项。						

一、工具、设备、材料

弧焊变压器、工作台、电焊面罩、电焊手套、电焊脚罩、打渣锤、钢丝刷、钳钳等。

二、训练方法

（一）教师讲解

1. 手工电弧焊的安全注意事项。

2. 手工电弧焊操作步骤。

3. 工件焊接演示。

（二）工作的训练与完成

1. 训练正确使用工、护具。

2. 练习调节工艺规范。

3. 认识熔池，掌握基本工艺。

4. 工件练习。

5. 自考。

三、**考核标准**

工件评分标准(扣完为止)如下:

1. 焊缝两端的起弧和收弧处无焊道,每毫米长度扣 2 分。
2. 焊缝表面不可低于母材表面,低于母材表面 0.5 mm 以内扣 15 分,低于母材 0.5 mm 以上扣 30 分。
3. 焊趾高低差应≤7 mm,每增加 0.5 mm 扣 5 分。
4. 焊缝宽度差应≤2 mm,每增加 2 mm 扣 5 分。
5. 焊缝直线度应≤2 mm,每增加 2 mm 扣 5 分。
6. 焊缝超高 4 mm 后,每增加 1 mm 宽度扣 5 分;不足最低宽度要求,每小于 1 mm 宽度扣 5 分。
7. 焊缝咬边深度≤0.5 mm,大于 0.5 mm 扣 20 分,大于焊缝总长度 10%扣 20 分。
8. 焊缝接头未脱节应≤2 mm,每增加 2 mm 扣 5 分,接头处无焊道扣 40 分。
9. 焊道上发现未熔合、夹渣、焊瘤,每处扣 30 分。

附:**零件图**

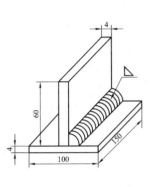

任务六 采用氧—乙炔气焊
进行花架焊接

组成花架的钢筋可以用手工电弧焊进行焊接组装，也可以用氧—乙炔气焊进行焊接组装，那么氧—乙炔气焊到底与手工电弧焊有什么区别？这种焊接方法在原理、设备及具体施焊步骤上又有什么特点呢？

气焊自 1903 年广泛应用以来，至今已有百余年的历史，到底什么是气焊呢？

下面分别做出介绍。

6.1 什么是气焊

气焊是利用气体燃烧产生的热量将金属的接头和填充金属熔化，使焊接的接头相互熔化在一起，凝固后成为一体的焊接方法。通常用作气焊的可燃气体为乙炔及氧气，火焰温度可达 3100～3300℃。气焊就是利用可燃气体与氧气混合燃烧的火焰加热金属的。主要化学反应为：

$$C_2H_2 + 2O_2 \rightarrow 2CO + O_2 + H_2 + 227kJ/mol$$

$$2CO + O_2 \rightarrow 2CO_2 + 285kJ/mol$$

$$H_2 + 1/2O_2 \rightarrow H_2O + 242kJ/mol$$

气焊设备简单，不需电源，适用于在没有电力供应的场合。但与电焊相比，气焊火焰温度低，热量不集中，生产效率低，焊接变形大，热影响区宽，焊接接头质量较差，所以主要用来焊接薄件、有色金属、铸铁。

6.2　常用工具与安全使用

1. 氧气与氧气瓶

(1) 氧气是一种无色、无味、无毒的气体，分子式为 O_2。在 0.1 MPa 和 0℃时，1 m³ 的氧气，重量为 1.43 kg，比空气略重(空气为 1.29 kg)。当温度降至 −182.96℃时，氧气由气态变成淡蓝色的液体；当温度降至 −218.9℃时，液态氧则变成雪花状的淡蓝色固体。

(2) 氧气本身是不能燃烧的，但能帮助其他可燃物质燃烧。氧气的化学性质极为活泼，它几乎能与自然界一切元素(除情性气体外)相化合，这种化合作用称为氧化反应，剧烈的氧化反应称为燃烧。发生燃烧必须同时具备三个条件，即可燃物质、氧或氧化剂和导致燃烧的火源。氧气的化合能力会随着压力的加大和温度的升高而增强。

(3) 氧气瓶是储存和运输氧气的高压容器，工作压力为 15 MPa，容积为 40 L，包括瓶体、瓶阀两部分(见图 6.1)。

图 6.1　氧气瓶

(4) 氧气瓶的安全使用。

① 运送时避免碰撞，不能与可燃气体、油料等可燃物一起运输。

② 使用时氧气瓶应立放在安全场地，并用铁链固定；卧放时，氧气瓶头部应垫高，以防滚动。

③ 夏天，氧气瓶应放在阴凉处或用石棉瓦等遮盖。

④ 冬天，氧气瓶应放在暖室内，出气嘴应用浸过热水的毛巾解冻，不能用火烤。

⑤ 开启气瓶时，不要用力过猛，打开即可，不要旋转超过 1 圈。

⑥ 气瓶用完时气瓶内应留有 0.1～0.2 MPa 的余气。

2. 乙炔与乙炔气瓶

(1) 乙炔俗称电石气，是气焊用的可燃气体，其分子式为 C_2H_2，在常温常压下，是无色的气体。工业用的乙炔，因混有磷化氢、硫化氢等杂质，具有刺鼻的特殊气味。压力为 0.1 MPa 和温度为 0℃时，乙炔较氧气轻。

(2) 乙炔是可燃性气体。

(3) 乙炔是一种具有爆炸性的危险气体。当温度在 300℃ 以上或压力在 0.15 MPa 以上时，乙炔就会自行爆炸。乙炔与空气或氧气混合而成的气体也具有爆炸性。乙炔的含量(按体积计算)在 2.2%～81.0% 范围内与空气形成的混合气体，以及当乙炔的含量(按体积计算)在 2.8%～93.0%范围内与氧气形成的混合气体，只要遇到高温、静电火花或明火时，就会发生爆炸。

(4) 乙炔与铜或银长时间接触后，会在铜或银的表面生成一种爆炸性的化合物，即乙炔铜或乙炔银，当它们摩擦、剧烈振动或加热到 110℃～1200℃时，就会发生爆炸。所以凡是与乙炔接触的器具、设备禁止用银或者纯铜制造，只准用含铜量或含银量不超过70%的铜合金或银合金制造。

(5) 乙炔瓶是一种储存和运输乙炔用的容器，见图 6.2。

图 6.2　乙炔气瓶

3. 乙炔瓶的安全使用

乙炔瓶的使用除了必须遵守氧气瓶的使用要求外，还必须严格遵守下列各项要求：

(1) 乙炔瓶在工作时应直立放置，因卧置时会使丙酮随乙炔流出，甚至通过减压器而流入乙炔橡皮管和焊割炬内，这是非常危险的。

(2) 乙炔瓶不应遭受剧烈的震动或撞击，以免瓶内的多孔性填料下沉而形成空洞，影响乙炔的储存。

(3) 乙炔瓶体表面的温度不应超过 30℃～40℃。因为乙炔瓶温度过高会降低丙酮对乙炔的溶解度，而使瓶内的乙炔压力急剧增高。

(4) 乙炔调压器与乙炔瓶的瓶阀连接必须可靠，严禁在漏气的情况下使用，否则会形成乙炔与空气的混合气体，一旦触及明火就会发生爆炸事故。

(5) 乙炔瓶内乙炔不能全部用完，当高压表读数为零，低压表读数为 0.01～0.03 MPa 时，应将瓶阀关紧。

(6) 乙炔瓶使用压力不得超过 0.15 MPa，输出流量不应超过 1.5～2.5 m³/h。

4. 减压器

减压器起调压和稳压的作用，见图 6.3。

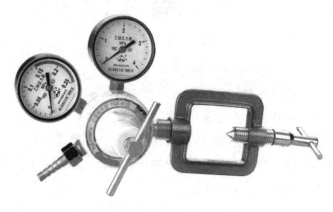

图 6.3　减压器

减压器的正确使用及注意事项：

(1) 安装减压器之前，要略开氧气瓶阀门吹除污物，以防灰尘和水分带入调压器内，然后才能装上减压器。在开启气瓶阀时，操作者不应站在瓶阀出气口前面，以防止高压气体突然冲出伤人。

(2) 应在预先将调压螺钉旋松后，才能打开氧气瓶阀，开启氧气瓶阀时要缓慢进行，不要用力过猛，以防高压气体损坏减压器及高压表。

(3) 调节工作压力时，应缓慢地旋转调压螺钉，以防高压气体冲坏弹性落膜装置或使低压表损坏。

5. 焊枪

焊枪又称焊炬，是气焊时用于控制气体混合比、流量及火焰，并进行焊接的工具，见图 6.4。焊枪的作用是将可燃气体和氧气按一定比例混合，并以一定的速度喷出燃烧而生成具有一定能量、成分和形状的稳定火焰。

喷嘴 手柄 氧气 乙炔

图 6.4 焊枪

焊枪的好坏直接影响着焊接质量，因此要求焊枪能很好地调节和保持氧气与可燃气体的比例以及火焰大小，并使混合气体喷出速度等于燃烧速度，以形成稳定燃烧。同时焊枪本身的重量要轻，气密性要好，还要耐腐蚀和耐高温。

焊枪按可燃气体与氧气混合方式不同可分为射吸式和等压式两种；按尺寸和重量不同可分为标准型和轻便型两种；按火焰的数目不同可分为单焰和多焰两种；按可燃气体的种类不同分为乙炔、氢气、汽油等种类；按使用方法不同分为手用和机械两种。

目前国产的焊枪均为射吸式。射吸式焊枪的工作原理：逆时针方向开启乙炔调节阀时，乙炔聚集在喷嘴的外围，并单独通过射吸式的混合气道由焊嘴喷出，但压力很低。当逆时针旋转氧气调节阀时，调节阀上的阀针就会向后移动，阀针尖端与喷嘴离开，且留有一定间隙，此时氧气即从喷嘴口快速喷出，将聚集在喷嘴周围的低压乙炔吸出，使氧气和乙炔按一定比例混合，经过射吸管，从焊嘴喷出。

射吸式焊枪，是利用喷嘴的射吸作用使高压氧气与低压乙炔均匀地按一定比例混合，以高速喷出，从而保证了焊枪的正常工作。

6. 其他工辅具

(1) 回火防止器：在气焊或气割过程中，发生的气体火焰进入喷嘴内逆向燃烧的现象称为回火(当焊枪或割枪的焊嘴或割嘴被堵塞，焊嘴或割嘴过热，乙炔压力过低或橡皮管堵塞，焊枪、割枪失修等使燃烧速度大于混合气流出速度，氧气倒流等均可导致回火)。回火时，一旦逆向燃烧的火焰进入乙炔发生器内，就会发生燃烧爆炸事故。回火防止器的作用是当焊炬和割炬发生回火时，可以防止火焰倒流进入乙炔发生器或乙炔瓶，或阻止火焰在乙炔管道内燃烧，从而保障乙炔发生器或乙炔瓶等的安全。乙炔发生器必须安装回火防止器。

(2) 气焊作业中使用的辅助工具还有清理焊缝用的工具，如钢丝刷、凿子、手锤、挫刀等；清理焊嘴和割嘴用的工具，如通针、剔刀等；连接和开关气体通路的工具，如克丝钳、活扳手、卡子及铁丝等。气焊工所用的上述工具必须专用并放在专门的工具箱内，不得沾有油污。

(3) 每个焊工都应备有粗细不等的三位式钢质通针一组，见图 6.5，以便在工作中清除堵塞焊嘴或割嘴内的脏物。

(4) 气焊工在气焊操作时，应配戴护目镜(见图 6.5)，以保护眼睛不受火焰强光的刺激并且能比较清楚地观察熔池，同时还可以防止飞溅物溅入眼内。护目镜的颜色和深浅，应根据施工现场、焊枪的大小和被焊材料的性质来选择，一般宜用 3~7 号的黄绿色镜片。

图 6.5　通针与护目镜

(5) 气焊、气割时点火的工具采用点火器比较安全方便。

6.3　气焊丝与气焊熔剂

1. 焊丝

焊丝如图 6.6 所示。

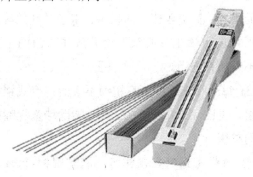

图 6.6　焊丝

在气焊过程中，气焊丝的正确选用十分重要，因为焊缝金属的化学成分和质量在很大程度上取决于焊丝的化学成分。一般说来，焊接黑色金属和有色金属所用焊丝的化学成分基本上与被焊金属化学成分相同，有时为了使焊缝有较好的质量，在焊丝中也加入其他合金元素。

一般对气焊丝的要求有：

(1) 焊丝的化学成分应基本与焊件母材的化学成分相匹配，焊缝有足够的力学性能和其他性能。

(2) 焊丝的熔点应等于或略低于被焊金属的熔点。

(3) 焊丝应能保证必要的焊接质量，如不产生气孔缺陷。

(4) 焊丝熔化时应平稳，不应有强烈的飞溅或蒸发；焊丝表面应洁净，无油脂、锈蚀和油漆等污物。

2．气焊熔剂

气焊熔剂如图 6.7 所示。

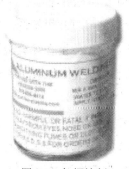

图 6.7　气焊熔剂

气焊过程中，被加热后的熔化金属极易与周围空气中的氧或火焰中的氧化合生成氧化物，使焊缝中产生气孔、夹渣等缺陷。为了防止金属的氧化并消除已经形成的氧化物，在焊接有色金属、铸铁和不锈钢等材料时，必须采用气焊熔剂。

气焊过程中，气焊熔剂是直接加入到熔池内的，在高温下熔剂熔化与熔池内的金属氧化物或非金属夹杂物相互作用形成熔渣，浮在焊接熔池表面，覆盖着熔化的焊缝金属，从而可以防止熔池金属的氧化，并改善焊缝金属的性能。在气焊时，也可以把需要渗入的合金元素粉末混合在熔剂中加入熔池，达到过渡合金元素的目的。为使气焊熔剂起到应有的作用，对气焊熔剂有以下要求：

(1) 熔剂应具有很强的反应能力，能迅速溶解某些氧化物和某些高熔点的化合物，生成低熔点、易挥发的化合物。

(2) 熔剂在熔化后应黏度小、流动性好，形成熔渣的熔点和密度应比母材和焊丝低，熔渣在焊接过程中浮于熔池表面，而不停留在焊缝金属中。

(3) 熔剂应能减少熔化金属的表面张力，使熔化的焊丝与母材更容易熔合。

(4) 熔化的熔剂在焊接过程中，不应析出有毒气体，不应对焊接接头有腐蚀等副作用。

(5) 焊接后的熔渣应容易被清除。

气焊熔剂按所起的作用不同，可分为化学反应熔剂和物理熔解熔剂两大类。由于不同的金属在焊接时会出现不同性质的氧化物，因而必须选择相应的熔剂。

6.4 焊接火焰及一般气焊操作技术

1. 气焊火焰的识别

焊接火焰是用来加热、熔化焊件和填充金属(焊丝)进行焊接的热源，焊接的气流又是熔化金属的保护介质。焊接火焰直接影响到焊接质量和焊接生产率，气焊时要求焊接火焰应有足够的温度，体积要小，焰心要直，热量要集中；还要求焊接火焰具有保护性，以防止空气中的氧、氮对熔液和熔池的氧化和污染。

乙炔与氧混合燃烧形成的火焰，称为氧—乙炔焰。氧—乙炔焰具有很高的温度(约 3200℃)，加热集中，因此，它是气焊中主要采用的火焰。乙炔在氧气中的燃烧过程可以分为两个阶段，首先乙炔在加热作用下被分解为碳和氢，接着碳和混合气中的氧发生反应生成一氧化碳，形成第一阶段的燃烧；随后是依靠空气中的氧进行第二阶段的燃烧，这时一氧化碳和氢气分别与氧发生反应，生成二氧化碳和水。上述的反应释放热量，即乙炔在氧气中的燃烧过程是一个放热过程。氧—乙炔火焰根据氧气与乙炔的混合比例不同，可分为中性焰、碳化焰和氧化焰三种类型，其构造和形状详见图 6.8。

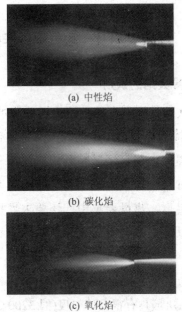

(a) 中性焰

(b) 碳化焰

(c) 氧化焰

图 6.8　氧—乙炔火焰

1) 中性焰

当氧气与乙炔的混合比值为 1.1～1.2 时，此时乙炔可以充分燃烧，燃烧后的气体中既无过剩的氧又无游离的碳，这种火焰称为中性焰。中性焰热量集中，温度可达 3050℃～3150℃，它是由焰心、内焰和外焰三部分组成的。

中性焰的焰心呈尖锥形，色白而明亮，轮廓清楚。乙炔在热作用下分解为碳和氢，碳质的微粒分布在焰心的外围，形成一个碳粒层。炽热的碳粒发出明亮的白光，使焰心形成光亮而清晰的轮廓。焰心温度较低，一般只有 800℃～1200℃，而且存在着游离的碳，具有很强的渗碳性，所以不能用来焊接。内焰主要是由乙炔的不完全燃烧产物，即来自焰心的碳和氢气与氧气燃烧的生成物一氧化碳和氢气所组成。内焰位于碳素微粒层外面，呈蓝白色，有深蓝色线条。内焰处在焰心前2～4 mm 的部位，燃烧最激烈，温度最高，可达 3100℃～3150℃。这个区域最适合于焊接。外焰处在内焰的外部，与内焰没有明显的界限，颜色从淡紫色逐渐向橙黄色变化。未反应完的一氧化碳和氢与空气中的氧充分燃烧，已有大量的空气侵入，具有一定的氧化性，温度也较低，只有1200℃～2500℃左右，而且热量不集中，故不适合焊接。中性焰的构造和温度分布，详见图6.9。

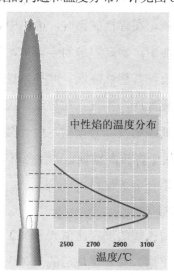

中性焰的温度分布

2500　2700　2900　3100

温度/℃

图 6.9　中性焰的温度分布

2) 碳化焰

当氧气与乙炔的混合比小于 1 时，所得到的火焰为碳化焰，这种火焰的气体中尚有部分乙炔未燃烧。碳化焰是由焰心、内焰和外焰三部分组成。碳化焰焰心较长，呈蓝白色。内焰呈淡蓝色，它的长度与碳化焰内乙炔的含量有关，乙炔过剩量较多时，则内焰就较长；乙炔过剩量较少时，内焰就短小。外焰带有橘红色，除了由水蒸气、二氧化碳、氧及氮组成外，还有部分碳素微粒。碳化焰三层火焰之间没有明显轮廓。碳化焰的最高温度为 2700℃～3000℃。由于在碳化焰中有过剩的乙炔，它可以分解为氢气和碳，在焊接碳钢时，火焰中游离状态的碳会渗到熔池中，增高焊缝的含碳量，使焊缝金属的强度提高而使其塑性降低。此外，过多的氢会进入熔池，导致焊缝产生气孔和裂纹。因而碳化焰不能用于焊接低碳钢及低合金钢。但轻微的碳化焰应用较广，可用于焊接高碳钢、中合金钢、高合金钢、铸铁、铝和铝合金等材料。

3) 氧化焰

当氧气与乙炔的混合比值大于 1.2 时，得到的火焰称为氧化焰。在它燃烧后的气体火焰中，仍有部分过剩的氧，在尖形焰心外面形成了一个有氧化性的富氧区。氧化焰也是由焰心、内焰和外焰三部分组成，焰心短而尖，因为焰心外围没有碳粒层，所以颜色较淡，轮廓不太明显；内焰很短，几乎看不到；外焰呈蓝色，火焰挺直，燃烧时发出急剧的"嘶嘶"声。氧化焰的长度取决于氧气的压力和火焰中氧气的比例，氧气的比例越大，则整个火焰就越短，噪声也就越大。氧化焰的最高温度可达$3100℃\sim3400℃$左右。由于氧气的供应量较多，因而使整个火焰具有氧化性。如果焊接一般碳钢时，采用氧化焰就会造成熔化金属的氧化和合金元素的烧损，使焊缝金属氧化物和气孔增多，并增强熔池的沸腾现象，从而很大程度地降低焊接质量。所以，一般材料的焊接，绝不能采用氧化焰。但在焊接黄铜和锡青铜时，利用轻微氧化焰的氧化性，生成的氧化物薄膜覆盖在熔池表面，可以阻止锌、锡的蒸发。气割时，通常使用氧化焰。

以上叙述的中性焰、碳化焰和氧化焰，因其性质不同，适用于不同性质的金属材料焊接。根据不同金属材料选择相适应的不同性质的火焰，是获得质量优良焊缝的最基本保证。常用金属材料气焊火焰种类的选择详见表 6.1。

表 6.1 常用金属材料气焊时火焰种类的选择

焊件材料	应用火焰
低碳钢	中性焰或轻微碳化焰
中碳钢	中性焰或轻微碳化焰
低合金钢	中性焰
高碳钢	轻微碳化焰
高速钢	碳化焰
锰钢	轻微氧化焰
铬不锈钢	中性焰或轻微碳化焰
铬镍不锈钢	中性焰或轻微碳化焰
镀锌铁皮	轻微碳化焰
焊件材料	应用火焰
灰铸铁	碳化焰或轻微碳化焰
紫铜	中性焰
锡青铜	轻微氧化焰
黄铜	氧化焰
铝及其合金	中性焰或轻微碳化焰
铅、锡	中性焰或轻微碳化焰
蒙乃尔合金	碳化焰
镍	碳化焰或轻微碳化焰
硬质合金	碳化焰

2. 操作技术

(1) 焊接火焰的点燃。首先打开乙炔调节阀，同时打开氧气调节阀，放出氧气和乙炔的混合气，用火柴、打火枪或电火花等明火均可点燃焊接火焰。注意点火时必须要有适量的氧气，单纯的乙炔点燃则会冒黑烟。

(2) 焊接火焰的熄灭。首先关闭乙炔调节阀，然后再关闭氧气调节阀，即熄灭焊接火焰。如果先关闭氧气调节阀，则会冒烟或产生回火现象。注意氧气和乙炔调节阀关闭不要过紧(致不漏气即可)，以防磨损，降低焊炬的使用寿命。

(3) 火焰的调节。刚点燃的火焰通常为碳化焰，然后根据所焊材料的性质进行调节。选用中性焰调节方法如下：对点燃的碳化焰逐渐增加氧气，直到内焰与外焰没有明显的界限为止，即为中性焰。如果再增加氧气或减少乙炔，就能得到氧化焰。

(4) 在整个焊接过程中，始终要注意观察火焰性质的变化，并及时调节。

(5) 火焰能率是指单位时间内可燃气体(乙炔)的消耗量。其物理意义是单位时间内可燃气体所提供的能量。火焰能率应根据焊件的厚度、母材的熔点和导热性及焊缝的空间位置来选择。如果焊接较厚的焊件，熔点较高的金属，导热性较好的铜、铝及其合金时，就要选用较大的火焰能率，才能保证焊件焊透；

反之，在焊接薄板时，为防止焊件被烧穿，火焰能率应适当减少。平焊时可选用稍大的火焰能率，以提高生产率。立焊、横焊、仰焊时火焰能率要适当减小，以免熔滴下坠造成焊瘤。在实际生产中，在保证焊接质量的前提下，应尽量选择较大的火焰能率。

(6) 焊嘴的倾斜角是指焊嘴中心线与焊件平面之间的夹角。焊嘴倾斜角度的大小主要是根据焊嘴的大小、焊件的厚度、母材的熔点和导热性及焊缝空间位置等因素来确定的。当焊嘴倾斜角大时，因火焰集中，热量损失小，故焊件得到的热量多，升温快；若焊嘴倾斜角小，因火焰分散，热量损失多，焊件受热少，升温就慢。因此，在焊接厚度大、熔点高、导热性好的工件时，焊嘴倾角就要大些；反之，在焊接厚度小、熔点低、导热性能差的工件时，焊嘴的倾斜角就要小一些。在气焊过程中，焊嘴的倾斜角度还应根据施焊情况进行变化。如在焊接开始时，为了使焊件尽快加热形成熔池，焊嘴的倾斜角就要大一些，有时甚至达到 80°～90°。熔池形成后，要迅速改变倾斜角，进行正常焊接。当焊接结束时，焊件温度较高，为了填满熔池和防止收尾处过热，这时就要使焊嘴倾角小一些，同时将火焰上下晃动，交替地使焊丝和熔池加热，直到填满熔池为止。如图 6.10 所示为焊嘴倾斜角与焊件厚度的关系。

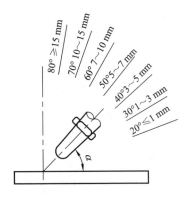

图 6.10　焊嘴倾斜角与焊件厚度的关系

(7) 焊接速度的快慢直接影响焊缝的质量。一般来说，对于厚度大、熔点高的焊件，焊接速度要慢些，以避免产生未熔合的缺陷；而对于厚度薄、熔点低的焊件，焊接速度要快些，以避免产生烧穿或使焊件过热而降低焊接质量。因此，焊接速度的选择要根据工件厚度及焊工的操作熟练程度来确定。在保证焊接质量的前提下，尽量提高焊接速度，以减少焊件的受热程度，并提高生产率。

(8) 焊接过程中，焊丝要不断地向熔池送进。焊炬和焊丝的动作必须配合协调，使焊接坡口边缘能很好地熔合，又不致焊缝产生过烧和烧穿，并控制液体金属的流动，使焊缝成形良好，同时使液体金属中各种非金属杂质和有害气体能从熔池中排出，得到优质的焊缝。

焊枪和焊丝的运动包括三种动作：

① 沿焊缝的纵向移动，不断地熔化工件和焊丝，形成焊缝。

② 焊炬沿焊缝作横向摆动，充分加热焊件，使液体金属搅拌均匀，得到致密好的焊缝。在一般情况下，板厚增加，横向摆动幅度应增大。

③ 焊丝在垂直焊缝的方向送进，并作上下移动，调节熔池的热量和焊丝的填充量。

焊枪和焊丝的协调运动使焊缝金属熔透、均匀，又能够避免焊缝出现烧穿或过热等，从而获得优质、美观的焊缝。

(9) 接头与收尾。焊接中途停顿后，又在焊缝停顿处重新起焊和焊接时，把与原焊缝重叠部分称为接头。得到焊缝的终端时，结束焊接的过程称为收尾。接头时，应用火焰把原熔池重新加热至熔化形成新的熔池后，再填入焊丝重新开始焊接，并注意焊丝熔滴应与熔化的原焊缝金属充分熔合。接头时要与前焊缝重叠 5～10 mm，在重叠处要注意少加或不加焊丝，以保证焊缝的高度合适，相接头处焊缝与原焊缝的圆滑过渡。收尾时，由于焊件温度较高，散热条件也较差，所以应减小焊嘴的倾斜角和加快焊接速度，并应多加一些焊丝，以防止熔池面积扩大，避免烧穿。收尾时应注意使火焰抬高，并慢慢离开熔池，直至熔池填满后，火焰才能离开。总之，气焊收尾时要掌握好倾角小、焊速增、填丝快、熔池满的要领。

气焊焊接过程如图 6.11 所示。

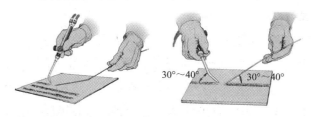

图 6.11　气焊焊接过程

6.5　气焊操作的安全注意事项

(1) 乙炔瓶与作业场所或具有高温的物体必须保持 5 m 以上的距离，与氧气瓶的距离须 3 m 以上，并挂有"严禁烟火"的警告牌。

(2) 使用乙炔气瓶前应检查瓶阀、减压器是否有损坏以及和回火防止器连接螺纹规格是否相符，瓶的出口及有关连接是否畅通无阻，以免因漏气、堵塞或因螺纹损坏造成事故。

(3) 乙炔气瓶应直立放置，严禁卧放使用或相互撞击，避免破坏外壳、填料和附件。

(4) 乙炔气瓶不得靠近热源和电气设备，气瓶体表面温度不应超过 40℃。

(5) 严禁铜、银、汞等及其制品与乙炔气接触。

(6) 在焊接时遇到回火，应立即关闭焊割炬的乙炔气调节阀，再关闭氧气调节阀。

(7) 气割与气焊结束，应将乙炔、氧气瓶阀门关紧，然后拧松调节阀，检查确无火星后才能离开现场。

(8) 氧气瓶不准放置在日光下或其他温度较高的地方，防止氧气瓶温度超过 35℃，以免发生爆炸。

(9) 氧气瓶嘴不准沾上油脂及其他污物，也不准使用带有油脂的物质作垫，以免油脂氧化燃烧，造成危险。

(10) 检漏时要用肥皂水，切勿用火柴。已漏的胶管及乙炔瓶不准使用。

(11) 打开氧气风门时不许对着人。

(12) 氧气瓶应放在安全的地方，同时空瓶子要做上标志，不准与其他瓶子混在一起，以免发生危险。

(13) 点火时须先开氧气阀，再开乙炔阀，点火要快；熄灭时先关乙炔阀，后关氧气阀。

(14) 焊接有色金属及合金时，飞出的粉末及灰尘(尤其是铅及铅的合金)会引起中毒，应戴口罩及防毒面具。

(15) 焊接带有油脂(煤油、汽油及其他油脂等)和爆炸物质的容器、物件时，必须先用 10%～20%的火碱水刷洗，干燥后才准烧焊，以免爆炸。

(16) 焊密闭容器和物件时，必须首先将盖打开或留出气眼以免爆炸。

(17) 不准在有压力的容器和易燃易爆物质附近

烧焊，其最低距离须在 5 m，与爆炸性物质相距须在 10 m 以上。

(18) 乙炔气不准与氯气混合，并注意焊接氯气设备，首先必须彻底刷洗清洁后才可工作，以免发生爆炸。

(19) 发现焊割嘴堵塞时，将乙炔阀关闭。开氧气前应将堵塞的东西吹掉后再开始工作。

6.6 花架的气焊操作步骤

花架的气焊操作步骤如图 6.12 所示。

图 6.12 花架的气焊操作步骤

专题 6.1 氧乙炔火焰的其他工业用途

1. 气割

1) 气割过程

氧气切割简称气割，是一种切割金属的常用方法，如图 6.13 所示。

气割时，先把工件切割处的金属预热到它的燃烧点，然后以高速纯氧气流猛吹。这时金属就发生剧烈氧化，所产生的热量把金属氧化物熔化成液体。同时，氧气气流又把氧化物的熔液吹走，工件就被切出了整齐的缺口。只要把割炬向前移动，就能把工件连续切开。

图 6.13 气割

气割时还需注意两点：

(1) 金属的燃烧点应低于其熔点。

(2) 金属氧化物的熔点应低于金属的熔点。纯铁、低碳钢、中碳钢和普通低合金钢都能满足上述条件，都具有良好的气割性能。高碳钢、铸铁、不锈钢，以及铜、铝等有色金属都难以进行氧气切割。

2) 气割操作

工作时，先点燃预热火焰，使工件的切割边缘加热到金属的燃烧点，然后开启切割氧气阀门进行切割。气割必须从工件的边缘开始。如果要在工件的中部挖割内腔，则应在开始气割处先钻一个大于5 mm 的孔，以便气割时排出氧化物，并使氧气流能吹到工件的整个厚度上。在批量生产时，气割工作可在气割机上进行。割炬能沿着一定的导轨自动作直线、圆弧和各种曲线运动，准确地切割出所要求的工件形状。

2. 热喷涂

热喷涂是用专用设备把某种固体材料熔化并使其雾化，加速喷射到机件表面，然后形成特制薄层，以提高机件耐蚀、耐磨、耐高温等性能的一种工艺方法，如图 6.14 所示。实际上就是用一种热源，如电弧、离子弧或燃气燃烧的火焰等将粉状或丝状的固体材料加热熔融或软化，并用热源自身的动力或外加高速气流雾化，使喷涂材料的熔滴以一定的速度喷向经过预处理后干净的工件表面。

图 6.14　热喷涂

热喷涂技术的发明并不晚，但由于其发展受到其他学科发展的制约，所以直到20世纪60年代等离子物理在这方面获得应用以后，该技术才得到了突破性进展。此后，随着近代科学技术的发展，热喷涂技术也不断完善，特别是70年代以来，每隔3～5年就有新的喷涂设备问世，例如等离子喷涂在近二十年内就相继出现了水稳等离子喷涂、高能等离子喷涂、低压等离子喷涂等。近年来，计算机、机器人也成功地在等离子喷涂技术中得到了应用。

由于热喷涂技术可以喷涂各种金属、合金、陶瓷、塑料及非金属等大多数固态工程材料，所以能制成具备各种性能的功能涂层，并且施工灵活，适应性强，应用面广，经济效益突出，尤其是它在现代航天技术和航空工业中的杰出贡献，引起了国内外的高度重视，并迅速向民用工业部门转移，得到相当广泛的应用，所以正在成为各种机械产品制造和设备维修的基础工艺之一，并且对于提高产品质量、延长产品寿命、改进产品结构、节约能源、节约贵重金属材料、提高工效、降低成本等都有重要作用。

热喷涂作为新型的实用工程技术目前尚无标准的分类方法。一般按照热源的种类、喷涂材料的形态及涂层的功能来分类。如按涂层的功能分为耐腐、耐磨、隔热等涂层。按加热和结合方式可分为喷涂和喷熔：前者是机体不熔化，涂层与基体形成机械结合；

后者则是涂层再加热重熔，涂层与基体互熔并扩散形成冶金结合。

平常接触较多的一种分类方法是按照加热喷涂材料的热源种类来分的，按此可分为：

① 火焰类，包括火焰喷涂、爆炸喷涂、超音速喷涂。

② 电弧类，包括电弧喷涂和等离子喷涂。

③ 电热类，包括电爆喷涂、感应加热喷涂和电容放电喷涂。

④ 激光类，如激光喷涂等。

专题6.2　其他可用于气焊的气体

气焊是利用可燃气体与氧气混合燃烧的火焰所产生的高热熔化焊件和焊丝而进行金属连接的一种焊接方法。所用的可燃气体主要有乙炔气，液化石油气，天然气和氢气等。目前常用的是乙炔气，因为乙炔在纯氧中燃烧时放出的有效热量最多。液化石油气是石油炼制工业的副产品。其主要成分是丙烷(C_3H_8)，大约占50%～80%，其余是丙烯(C_3H_6)、丁烷(C_4H_{10})和丁烯(C_4H_8)等。液化石油气在常温下是以液态存在的，即变成液体。因此，便于装入瓶中储存和运输。液化石油气焊接应用正逐步推广，在气割中已有成熟的技术，不但气割质量好，同时也较为经济。

专训 6.1　低碳钢平板对接气焊

要想焊出票亮的花架，首先要进行简单的练习，掌握必要的操作技巧。下面（表 6.2 所示）设计的这个平板对接气焊训练项目，主要是练习引弧、焊接、收弧练习以自己练习，自考或小组互评的方式完成。

表 6.2　低碳钢平板对接气焊

项目编号 (Item No.)	LJ2115	项目名称 (Item)	低碳钢平板对接气焊	训练对象 (Class)	全院文、理科 各专业学生	学时 (Time)	14
课程名称 (Course)		金工基本技能实训 焊接基本技能实训	教 材 (Textbook)		现代焊接实用实训(第二版)		
目的 (Objective)		1. 了解气焊设备的调节方法，正确使用工具。 2. 掌握气焊的操作方法，一般工艺规范，达到独立操作水平。					

一、工具、设备、材料

焊炬、焊条、氧气瓶、乙炔瓶、点火器、1 mm 通针等。

二、训练方法

（一）教师讲解与示范

1. 氧—乙炔操作安全注意事项。

2. 气焊操作步骤。

3. 成品件焊接演示。

（二）成品件的训练与完成

1. 训练正确开、关气、点火。
2. 练习调节火焰的性质、能量。
3. 认识熔池、掌握基本工艺。
4. 工件练习。
5. 自考。

三、考核标准

工件评分标准（扣完为止）如下：

1. 焊缝两端的起始和结束处无焊道，每毫米长度扣 2 分。
2. 焊缝表面不可低于母材表面，低于母材表面 0.5 mm 以内扣 15 分，低于母材 0.5 mm 以上扣 30 分。
3. 焊缝高低差应≤1 mm，高度差等于 1 mm，每增加 0.5 mm 扣 5 分。
4. 焊缝宽度差应≤2 mm，宽度差等于 2 mm，每增加 1 mm 扣 5 分。
5. 焊缝直线度应≤2 mm，直线度等于 2 mm，每增加 1 mm 扣 5 分。
6. 焊缝超宽 1 mm 后，每增加 1 mm 宽度扣 5 分；不足最低宽度要求，每小于 1 mm 宽度扣 5 分。
7. 焊缝咬边深≤0.5 mm 扣 10 分，大于 0.5 mm 扣 20 分，大于焊缝总长度 10%扣 20 分。
8. 焊缝接头脱节≤2 mm，每增加 1 mm 扣 5 分，接头处无焊道扣 40 分。
9. 焊道上发现未熔合、夹渣、焊瘤，每处扣 30 分。

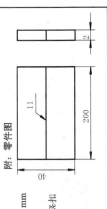

附：零件图

专训 6.2 低碳钢平板 T 型接头气焊

表 6.3 低碳钢 T 型接头气焊

项目编号 (Item No.)	ID2116	项目名称 (Item)	低碳钢 T 型接头气焊	教 材 (Textbook)	训练对象 (Class)	全院文、理科 各专业学生	学时 (Time)	14
课程名称 (Course)		金工基本技能实训 焊接基本技能实训			现代焊接实用实训(第二版)			
目的 (Objective)		1. 了解气焊设备的调节方法，正确使用工具。 2. 掌握气焊的操作方法，一般工艺规范，达到独立操作水平。						
训练方法		一、工具、设备、材料 　焊炬、焊条、氧气瓶、乙炔瓶、点火器、通针 1 mm 等。 二、训练方法 　(一) 教师讲解与示范 　1. 氧—乙炔操作安全注意事项。 　2. 气焊操作步骤。 　3. 成品件焊接演示。 　(二) 成品件的训练与完成 　1. 训练正确开、关气、点火。 　2. 练习调节火焰的性质，能量。 　3. 认识熔池，掌握基本工艺。 　4. 工件练习。 　5. 自考。						

三、考核标准

工作评分标准(扣)完为止)如下：

1. 焊缝两端的起始和结束处无焊道，每毫米长度扣2分。
2. 焊趾高低差应≤6mm，每增加0.5mm扣5分。
3. 焊缝表面不可低于母材表面，低于母材表面0.5mm以内扣15分，低于母材0.5mm以上扣30分。
4. 焊缝高低差应≤1mm，高度差等于1mm后，每增加0.5mm扣5分。
5. 焊缝宽度差应≤2mm，宽度差等于2mm后，每增加1mm扣5分。
6. 焊缝直线度应≤2mm，直线度等于2mm后，每增加1mm扣5分。
7. 焊缝超宽1mm后，每增加1mm宽度扣5分；不足最低宽度要求，每小于1mm宽度扣5分。
8. 焊缝咬边深≤0.5mm，大于0.5mm扣20分，大于焊缝总长度10%扣20分。
9. 焊缝接头脱节≤2mm，每增加1mm扣5分；接头处无焊道扣40分。
10. 焊道上发现未熔合、夹渣、焊瘤，每处扣30分。

附：零件图

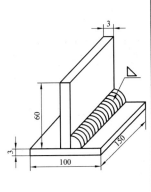

任务七　创新项目制作

　　完成了阳台花架的制作，具备了一定的焊接操作技能之后，我们还可以进行一些小的创意制作，来检验自己的综合制作能力，比如自己设计一个鞋架、小书架等。表 7.1、表 7.2 分别介绍两个小制作项目。

表 7.1 蜡台的自主制作

项目编号 (Item No.)	11Z117	项目名称 (Item)	蜡台的自主制作		训练对象 (Class)	理工类、从业要求的 专业学生	学时 (Time)	7
课程名称 (Course)	金工基本技能实训 焊接基本技能实训			教 材 (Textbook)		现代焊接实用实训(第二版)		
目的 (Objective)	1. 了解气焊设备的调节方法,正确使用工具。 2. 掌握气焊操作方法,一般工艺规范,达到独立操作水平。 3. 培养学生具有良好的职业道德和职业素质。							

一、工具、设备、材料

焊炬、焊条、氧气瓶、乙炔瓶、点火器、通针 1mm 等。

二、训练方法

(一)教师讲解相关理论知识及操作注意事项。

(二)工件制作工艺:学生 2~3 人一组相互协作,自主设计制作,安排工艺制作过程。

(三)考核标准:执行百分制,学生制作工作占 60%,综合素质占 40%。

评分内容	评分标准	配分	扣分	评分内容	评分标准	配分	扣分
台座的平面度	台座的平面度≤2 mm	4分	超差0.5 mm 扣2分	焊缝表面余高	焊缝表面余高≤1 mm	4分	超差0.5 mm 扣2分
台座的圆度	合座的大小径≤2 mm	10分	超差0.5 mm 扣5分	焊缝表面	焊缝表面不允许修磨	10分	超差0.5 mm 扣5分
蜡座与底座同心度	蜡座与底座同心度≤3 mm	10分	超差0.5 mm 扣5分	焊点	焊点应在22点以上	10分	超差0.5 mm 扣5分
焊件咬边	焊件不允许咬边	10分	咬边一处扣5分				
综合素质	协作、安全文明生产 工具摆放 清洁	40分	20分 10分 10分				

设计案例：

表 7.2 铁艺像框的自主制作

项目编号 (Item No.)	IJ2118	项目名称 (Item)	铁艺像框的自主制作		训练对象 (Class)	理工类、从业要求的 专业学生	学时 (Time)	7
课程名称 (Course)		金工基本技能实训 焊接基本技能实训		教　材 (Textbook)		现代焊接实用实训(第二版)		
目的 (Objective)		1. 了解气焊设备的调节方法，正确使用工具。 2. 掌握气焊操作方法，一般工艺规范，达到独立操作水平。 3. 培养学生具有良好的职业道德和职业素质。						

一、工具、设备、材料

焊炬、焊条、氧气瓶、乙炔瓶、点火器、通针 1mm 等。

二、训练方法

（一）教师讲解相关理论知识及操作注意事项。

（二）工件制作工艺：学生 2～3 人一组相互协作自主制作设计，自定加工尺寸，安排工艺制作完成。

（三）考核标准：执行百分制，学生制作工作占 60%，综合素质占 40%。

评分内容	评分标准	配分	扣　分
像框的平面度	像框的平面度≤1 mm	4分	超差0.5 mm 扣2分
像框的对角尺寸	像框的对角尺寸差≤1 mm	10分	超差0.5 mm 扣5分
像框的对称边	像框的对称边长差≤1 mm	10分	超差0.5 mm 扣5分
焊件咬边	焊件不允许咬边	10分	咬边一处扣5分

评分内容	评分标准	配分	得分扣分
焊缝表面余高	焊缝表面余高≤1 mm	4分	超差0.5 mm 扣2分
焊缝表面	焊缝表面不允许修磨	10分	超差0.5 mm 扣5分
焊点	焊点应在22点以上	10分	超差0.5 mm 扣5分
综合素质	协作、安全文明生产 工具摆放 清洁	40分	20分 10分 10分

设计案例：

129.00　129.00　79.00　R12.00　R3.00

参 考 文 献

[1] 韩国明. 焊接工艺理论与技术. 北京：机械工业出版社，2007.

[2] 彭友禄. 焊接工艺. 北京：人民交通出版社，2002.

[3] 王嘉玲. 焊接质量与焊条使用. 北京：国防工业出版社，1994.